과학영재를 위한 101

생명과학실험

이석규 저

(주)바이오사이언스출판
http://www.biobooks.co.kr

저자약력

이석규

2020년 ~ 현재 DGIST 대학원 뇌과학과 교수

2012 ~ 2020년 DGIST 융복합대학 기초학부 교수

2010 ~ 2012년 KAIST 부설 한국과학영재학교 교사

2008 ~ 2009년 University of Texas San Antonio 박사후 연구원

2005 ~ 2008년 Emory University, 이학박사

2000 ~ 2003년 KAIST 이학석사

1994 ~ 2000년 서울대학교 식품공학과 농학사

과학영재를 위한 **생명과학실험 101**

초판 인쇄: 2026년 1월 26일
초판 발행: 2026년 1월 30일

저　자: 이석규
발행인: 문정구
발행처: (주)바이오사이언스출판
본　사: 10860 경기도 파주시 탄현면 국화향길 10-56, 1동
서울사무소: 06569 서울특별시 서초구 도구로 115, 3층(방배동)
전　화: (02)581-4057~8
팩　스: (02)581-4059
이메일: biosciencepub11@hanmail.net
홈페이지: http://www.biobooks.co.kr

ISBN: 978-89-6824-182-6 (93470)
등록번호: 제22-3079호

값 30,000원

차례

PART 진행

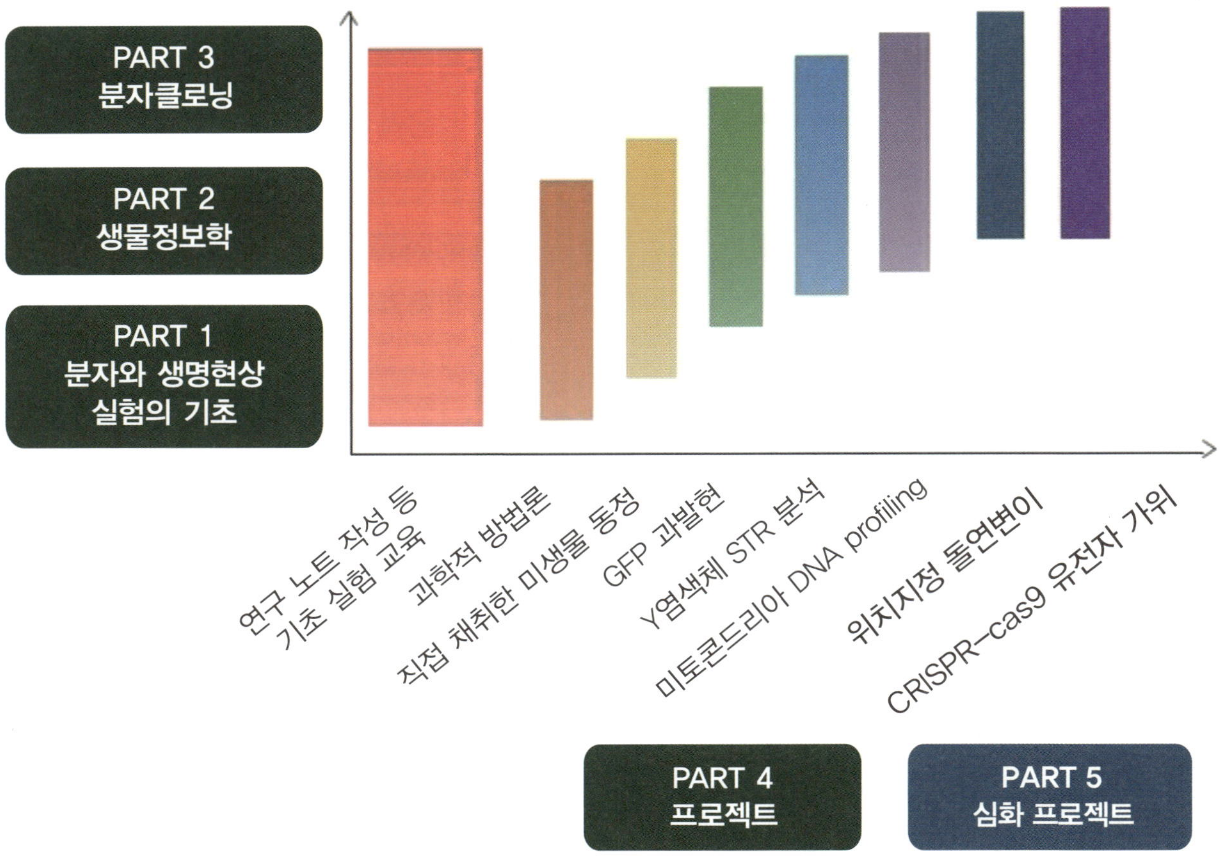

일러두기

1. 우리말로 번역한 생물용어는 『헨더슨 생물학 사전』(엘리노어 로렌스 지음, 바이오사이언스 펴냄, 2013년)의 용례를 따랐다.
2. 통상적으로 우리말로 번역하지 않고 사용하는 용어는 원어 그대로 표기하였다.

머리말

지난 20년간 생명과학의 급속한 발전으로 실험 교육의 중요성이 커지고 있다. 현대 생명과학의 발전은 재조합 DNA 기술(Recombinant DNA technology)의 발전, 새로운 장비와 시약의 개발, 그리고 정보화 혁명에 기반하고 있다. 특히, 코로나19 팬데믹을 거치며 대중의 생명과학에 대한 지식과 이해도가 전반적으로 향상되었다. 또한 기초적인 생명과학 실험 장비가 영재고, 과학고, 과학중점고를 중심으로 널리 보급되었다.

그럼에도 불구하고, 생명과학에 관심이 많은 고교생을 대상으로 한 대부분의 생명과학 실험은 과거의 실험 커리큘럼을 바탕으로, 일관성 없이 다양한 주제로 진행되는 한계를 보여왔다. 본 실험서는 2017년에 발간한 "분자와 생명현상 실험서"를 증보하고 대폭 개편한 것이다. 이 실험서는 생명과학의 중심 원리(Central dogma of biology)와 생물정보학을 중심으로 통합적으로 구성되어 있다. 현대 생명과학 연구에서 불필요하다고 여겨지는 각종 실험 주제를 지양하고, 분자생물학과 생물정보학을 기초로 1년 동안 일곱 가지 프로젝트를 압축적으로 수행할 수 있도록 구성하였다.

본 실험서는 크게 5개의 PART가 2차원적으로 구성되어 있다. PART 1은 생명과학 실험의 기초로, 실험을 수행하기 전에 반드시 알아야 할 기본적인 개념과 기술을 다룬다. PART 2에서는 기초적인 생물정보학(Bioinformatics) 활용법을 소개하며, PART 3에서는 분자클로닝(Molecular cloning)의 원리와 실험 방법을 정리한다. PART 1부터 PART 3까지의 내용을 바탕으로, PART 4에서는 다섯 가지 프로젝트를 진행한다. 먼저, 과학적 방법론을 통해 자연 현상을 관찰하고 가설을 세운 뒤, 이를 검증하는 실험을 설계하는 과정을 학습한다.

미생물 동정 프로젝트에서는 학생이 스스로 주제를 정하고, 주변에서 다양한 미생물을 채집하여 동정한다. 이 프로젝트와 GFP 과발현 실험을 통하여 기초적인 분자생물학 실험 기법을 익히게 된다. 또한 Y 염색체 STR 분석과 미토콘드리아 DNA 프로파일링(DNA profiling)을 통해 재조합 DNA 기술이 분자생물학뿐만 아니라 분류학, 법의학, 진화학 등 다양한 분야에 어떻게 응용되는지를 이해하고, 학생이 직접 가설을 설정하고 실험 범위를 정하여 실험을 수행하도록 구성되어 있다. PART 5에서는 보다 심화된 프로젝트로, 위치지정 돌연변이와 CRISPR-cas9 유전자 가위 실험을 다룬다. 이 두 주제는 노벨상을 수상한 연구 내용을 고교생이 이해하기 쉽도록 재구성한 것이다.

본 실험서를 통해 생명과학에 관심있는 고교생들이 생명과학의 중심 원리와 연구 방법론에 대한 이해를 넓히기 기대한다. 특히 현대 생명과학이 타 학문과의 융복합 연구를 통해 발전하고 있음을 이해하는 데 도움이 되기를 바란다.

2025년 12월

이석규

PART 1

분자와 생명현상 실험의 기초

1. 실험실 안전 수칙 (Lab safety)

생물 실험을 수행하는 데 있어서 가장 중요한 것은 실험자의 안전이다. 대부분의 생물 실험 과정은 다양한 종류의 생물체, 시약, 실험 기구 및 실험 장비를 포함하고 있다. 따라서 다음과 같은 세부적인 안전 수칙을 반드시 준수하도록 한다.

1. 실험실 복장

- 실험복을 항상 준비하여 착용하도록 한다.
- 눈을 보호해야 하는 실험을 할 때에는 고글을 착용한다.
- 반바지, 민소매 셔츠 등 노출이 심한 옷은 착용하지 않는다.
- 슬리퍼 등 발가락이 노출되는 신발은 착용하지 않는다.
- 긴 머리는 반드시 묶어서 실험 중 화학 약품, 열원, 실험 기구로부터 보호한다.

2. 일반 안전 수칙

- 실험실에 도착하면 실험 과정과 위험 물질의 사용법에 대하여 숙지하고 실험 수업을 준비한다.
- 실험실 안에서는 동료와 장난을 삼가고 항상 정숙을 유지한다.
- 실험에 들어가기 전 실험 과정을 두 번 이상 숙독하고 완벽하게 이해

한다. 의문 사항은 실험 전에 교수에게 문의한다.

- 교수의 실험 허락 없이 실험을 진행하지 않는다.
- 교수 허가 없이 실험 기구와 장비를 함부로 작동하지 않는다.
- 시약 및 화학 물질을 바닥에 흘리지 않도록 세심한 주의를 기울인다. 화학 물질을 바닥에 흘렸을 때는 교수에게 도움을 요청하고 지시에 따른다.
- 실험실 안에서 음식 및 음료를 먹는 것을 금지한다.
- 실험 전과 실험 후에는 항상 비누로 손을 씻는다.
- 실험실 안에 소화기, 화재 담요, 구급상자, 안전 샤워대의 위치를 숙지하고, 유사시에 사용한다.
- 불필요한 책, 가방 등은 실험실에 가져오지 않는다.

3. 응급 조치

- 경미한 사고를 포함하여 실험실 안에서 발생하는 모든 사고를 교수에게 즉시 보고한다.
- 특정 사고의 대처 요령을 미리 숙지하고 유사시에 대처 요령에 따라 침착하게 행동한다.
- 구급상자의 위치를 미리 숙지하고, 긴급 상황시에는 교수가 우선적으로 응급 조치를 실행한 후 학교 보건실 또는 병원으로 환자를 이송한다.
- 사고나 화재시 사고를 보고하는 장소와 방법을 미리 숙지한다. 소화기, 전화, 화재경보기의 위치를 미리 숙지하고 유사시에 즉시 보고하도록 한다.
- 화재 발생 시 우선적으로 교수와 주위 동료에게 알리고 그 이후에 화재로부터 대피한다.

4. 열 및 불 사용 안전 수칙

- 촛불이나 가스버너를 사용할 때는 항상 고글을 쓰도록 한다.
- 화학 물질을 교수의 지도 없이 가열하지 않도록 한다. 상온에서는 무해한 화학 물질이라도 가열하면 위험 물질로 변할 수 있다.
- 실험대를 항상 청결하게 유지하고, 모든 실험 재료와 시약은 항상 불에서 멀리 떨어진 곳에 둔다.

- 불 위로 손이나 실험 기구를 이동하지 않는다.
- 버너에 불을 붙이는 방법을 숙지한다. 버너로부터 불꽃이 치솟을 경우 즉시 가스를 잠그도록 한다. 버너를 손으로 직접 만지지 않는다.
- 가열하는 유리 용기는 항상 실험하는 사람으로부터 멀리 위치시킨다. 가열되는 화학 물질이 발화하거나 끓어서 넘칠 위험이 있기 때문이다.
- 액체를 가열할 때는 용기 뚜껑을 밀폐하지 않는다. 기체의 팽창으로 폭발 위험이 있기 때문이다.
- 가열한 용기를 손으로 직접 만지지 않는다. 용기 온도를 측정할 때는 손등을 용기에 가까이 대어 열기를 확인하는 방법을 사용한다.

5. 화학 약품 사용 수칙

- 각종 화학 약품을 재미 삼아 섞지 않는다. 화학 약품의 혼합은 예상치 않은 위험 물질 생성 또는 폭발을 유발할 수 있다.
- 화학 물질을 손으로 만지거나 맛을 보거나 냄새를 맡지 않는다.
- 흄후드에서 사용하는 화학 약품은 독성과 휘발성이 강하므로 항상 흄후드 안에서 시약 용기의 뚜껑을 열고 닫는다.
- 실험에 필요한 화학 용품만 사용하며, 다른 화학 용품은 뚜껑을 열지 않는다.
- 실험에 사용한 화학 용품은 교수 지시에 따라 적절한 방법으로 폐기 처리한다. 오염을 방지하기 위하여 용기에서 꺼낸 화학 용품은 다시 용기에 넣지 않는다.
- 산(acid)이나 염기(base)를 다룰 때는 특별한 주의가 요구되며, 산이나 염기를 다른 병에 따를 때에는 싱크대 위에서 수행하도록 한다.
- 산을 희석할 때는 산을 물에 부어서 섞는다. 절대로 물을 산에 붓지 않는다.
- 피부나 옷에 묻은 산은 물로 즉시 씻어 내도록 한다. 산을 흘릴 경우 즉시 교수에게 알리고 지시에 따라 대처한다.

6. 유리 기구 사용 수칙

- 고무 튜브를 유리 기구에 연결할 때 힘을 과도하게 주지 않는다. 윤활제를 사용하거나 고무 튜브를 돌려서 유리 기구에 삽입하도록 한다.

- 유리 기구는 완전히 건조된 것만 사용한다.
- 가열된 유리 기구를 손으로 직접 만지지 않는다.
- 유리 기구의 파편이나 절단에 의한 상처가 생기지 않도록 주의한다.
- 깨진 유리 기구는 손으로 만지지 말고 청소 도구 등을 사용하여 완벽하게 처리한다.
- 실험실 유리 기구를 이용하여 음식물을 섭취하거나 음료를 마시지 않는다.

7. 날카로운 금속류 사용 수칙

- 실험용 칼이나 면도날을 사용할 때에는 세심한 주의를 기울여야 하며, 물건을 자르거나 깎을 때는 몸 바깥쪽으로 밀어내면서 사용한다.
- 칼이나 면도날은 사용 후 따로 보관하는 전용 폐기통에 버리도록 한다.
- 상처가 생겼을 경우 교수에게 즉시 알리고 응급 처치를 실시한다.

8. 생물체 사용 수칙

- 포유류, 조류, 파충류, 양서류, 어류 등 살아 있는 생물에 고통과 위해를 가하는 실험을 금지한다.
- 생물체를 직접 손으로 만지지 않는다. 생물체를 다루는 실험은 실험장갑을 끼고 수행한다.
- 동물은 실험에 꼭 필요한 경우에만 사용하며 동물에게는 흥분, 생식, 섭취 등의 행동에 대한 특별한 관리를 제공해야 한다.
- 미생물 실험의 경우 모든 미생물에 독성이 있는 것으로 간주하여 실험하고 교수 지시에 따라 처리한다.
- 생물체를 이용한 실험 후에는 반드시 손을 깨끗이 씻는다.

9. 실험 뒷정리

- 실험 종료 후 실험대를 깨끗이 청소하고 모든 실험 기구와 장비는 원상 복구한다.
- 손을 깨끗하게 세척하고 모든 버너가 꺼졌는지, 가스 밸브가 잠겼는지 확인하고 실험실을 나간다.

10. 물질 안전 보건 자료(Material Safety Data Sheet: MSDS)

- 실험에 사용하는 모든 화학 물질에 대하여, 물질 안전 보건 자료를 파일로 보관해야 한다. 물질 안전 보건 자료는 화학 물질의 유해 정도, 화학 조성, 응급 처치 방법 및 보관 방법 등의 정보를 제공한다. 화학 시약을 주문하면 판매자가 물질 안전 보건 자료를 사용자에게 제공한다. 실험을 수행하기에 앞서 화학 시약의 안전성을 확인하기 위해 반드시 물질 안전 보건 자료(MSDS)를 참고하여 화학 물질의 정보를 숙지한다.

참고하면 좋을 자료

https://naver.me/xcAHgiHw
미국 OSHA lab safety guidance: 미국 작업장 안전 관련 법률로 모든 작업장 및 연구 실험실은 이를 의무적으로 준수해야 한다.

https://naver.me/GnRTt1bg
에탄올의 물질 안전 보건 자료(MSDS): 화학 물질의 유해 정도, 화학 조성, 응급 처치 방법 등의 정보를 제공한다.

2. 연구 노트 및 실험 보고서 작성법
(How to write lab notebook and lab report)

학생을 포함하여 과학 실험을 수행하는 모든 과학자에게는 실험을 문서 또는 구두로 다른 과학자에게 전달할 의무가 있다. 과학자는 명확하게 요약되고 잘 정리된 문서로 실험 과정과 결과 등을 기록해야 한다. 실험 보고서는 실험 중에 기록된 연구 노트를 바탕으로 하여 주로 실험실 밖에서 기록 · 작성한다. 연구 노트에는 자세한 실험 과정, 시약 및 용액의 제조법, 기구 및 장비의 설치, 실험 결과, 과학자의 사고 및 관찰 과정 등을 기록한다.

1. 연구 노트 및 실험 보고서 작성법

- 연구 노트는 하드커버로 줄 간격이 있어야 하며 각 페이지 숫자가 표시되어 있어야 한다.
- 연구 노트 작성은 볼펜으로 하며 표 작성, 그래프, 차트 작성 등을 포함한다.
- 연구 노트의 처음 2~3 페이지는 향후 실험 목차 정리를 위하여 비워 놓고, 나중에 실험을 진행하면서 실험 목차와 페이지 숫자를 정리해 나간다.
- 연구 노트의 오른쪽 페이지는 실험에 대한 공식적인 내용을 정리하며, 왼쪽 페이지는 실험과 관련된 개인의 메모, 요약, 계산 등 비공식적인 내용을 자유롭게 기술한다.
- 각 실험이나 프로젝트의 주제명과 날짜를 반드시 맨 처음에 기입한 후 세부적인 내용을 기술한다. 연구 노트에 작성할 내용은 다음 표와 같다.

<table>
<tr><td rowspan="7">실험 전 작성
(Prelab)</td><td>I. 서론(Introduction)</td></tr>
<tr><td>(a) 실험 목적(Objective or purpose)</td></tr>
<tr><td>(b) 배경 이론(Theory)</td></tr>
<tr><td>II. 실험 방법 및 재료(Experimental)</td></tr>
<tr><td>(a) 시약 및 재료(Table of materials and reagents)</td></tr>
<tr><td>(b) 장비 목록(List of equipment)</td></tr>
<tr><td>(c) 실험 과정 흐름도(Flowchart)</td></tr>
<tr><td rowspan="12">실험 진행 중
또는
실험 후 작성</td><td>(d) 자세한 실험 과정 기록(Record of procedure)</td></tr>
<tr><td>III. 데이터 정리 및 계산(Data and calculations)</td></tr>
<tr><td>(a) 데이터 출력물을 포함한 원자료 기록
(Record of all raw data including printouts)</td></tr>
<tr><td>(b) 통계적 분석을 통한 계산법
(Method of calculation with statistical analysis)</td></tr>
<tr><td>(c) 최종 데이터를 표시하는 표, 그래프, 그림(Present final data with in tables, graphs, or figures when appropriate)</td></tr>
<tr><td>IV. 결과 및 토의(Results and Discussion)</td></tr>
<tr><td>(a) 결론(Conclusions)</td></tr>
<tr><td>(b) 기존 결과와 비교(Compare results with known values)</td></tr>
<tr><td>(c) 데이터 유의성 토의(Discuss the significance of the data)</td></tr>
<tr><td>(d) 원래 목적 달성도(Was the original objective achieved?)</td></tr>
<tr><td>(e) 참고 문헌(Literature references)</td></tr>
</table>

각 섹션에서 반드시 포함해야 할 내용은 다음과 같다.

1) 서론(Introduction)

- 서론은 실험 목적 또는 목표를 3~4 문장으로 기술하며 시작한다.
- 문장을 작성할 때에 스스로에게 '실험의 진정한 목적'에 대한 질문을 반복하여, 간결하고 명료하게 작성한다.
- 실험 목적 다음에는 실험의 배경 이론에 대한 간략한 토의를 작성한다.
- 새로운 실험 방법 또는 실험 장치가 사용되었다면, 화학 반응, 생화학 반응 또는 시약의 구조 등을 포함하여 간략히 기술한다.

2) 실험 방법 및 재료(Experimental)

- 실험에 사용하는 모든 시약 및 재료에 대하여 기술하는 것으로 시작한다. 화학 시약의 경우 생산자와 용액의 농도를 반드시 표기한다.

- 장비 목록은 제조사와 모델명을 포함하여 작성한다.
- 실험 과정 흐름도(Flow chart)는 실험의 단계별 과정을 요약하여 작성한다. 여기까지가 실험 전 보고서에 작성해야 할 내용이며, 이후 실험 과정의 기록은 실험을 진행하면서 기록하여 작성한다.
- 실험 과정은 세부적인 내용을 최대한 포함하여 작성하고, 동료 학생이 실험을 반복할 수 있도록 충분한 정보를 제공해야 한다.
- 실험 과정 중에 발생하는 색깔 변화, 가스 생성 등 관찰 내용도 반드시 작성한다.
- 장비를 사용하여 장비에 부속된 프린터로 출력된 데이터 또는 사진 등은 연구 노트에 반드시 풀로 붙여서 첨부하도록 한다.

3) 데이터 정리 및 계산(Data and calculations)

- 연구 노트 외에 별도로 기록된 자료는 분실 가능성이 높으므로, 실험 결과로 얻은 모든 원자료(Raw data)를 연구 노트에 직접 작성하도록 한다.
- 데이터가 얻어진 과정을 이해하기 위하여 계산 과정이 필요한 데이터는 최소한 한 세트의 공식을 작성한다.
- 실험 후 얻어진 각각의 데이터는 통계 프로그램을 이용하여 분석하여야 한다.
- 여러 가지 실험에 대한 결과는 표와 그래프를 이용하여 정리, 작성하도록 한다. 그래프는 연구 노트에 직접 작성하거나 컴퓨터 출력물을 첨부하도록 한다.

4) 결과 및 토의(Results and Discussion)

- 전체 연구 노트 중에 가장 중요한 부분이다.
- 서론에서 제기한 실험의 목적 또는 목표가 완수되었는지 여부, 실험으로 얻어진 데이터의 유의성에 대한 분석을 작성한다.
- 모든 결론은 실험적 결과에 근거하여 설명이 가능해야 한다.
- 본인의 실험 결과를 이전의 참고문헌을 통해 알려진 데이터나 실험 결과와 비교할 수 있다.
- 실험을 하는 도중에 문제점을 발견하면 이에 대한 해결책이나 대안을 제시하여야 한다.
- 마지막으로 실험과 관련된 모든 참고문헌(도서, 논문, 웹사이트 등)을 표기해야 한다.

참고하면 좋을 자료

Zeiger, M. (1999). *Essentials of writing biomedical research papers*. McGraw–Hill
생물 관련 논문 작성법을 체계적으로 정리한 서적이다.

R. Boyer (2003). "Concepts and Skills in the Biochemistry/Molecular Biology Lab." *Biochem*. Mol. Biol. Educ. 31, pp. 102–105.
https://doi.org/10.1002/bmb.2003.494031020192
생화학 및 분자 생물학 실험의 개념과 기술을 설명한 논문이다.

https://doi.org/10.1016/j.eurger.2015.08.005
과학 논문 작성법을 요약, 정리한 자료이다.

https://naver.me/5b0IC6Xo
미국 환경보건원의 연구 노트 작성법이다.

3. 농도 계산 및 완충액 제조법
(Concentrations and buffer solution)

1. 물(Water)

- 물은 생물학 실험에서 가장 널리 사용하는 물질로, 대부분의 시약과 완충액(buffer)을 제조할 때 용매로 사용한다.
- 물은 칼럼 크로마토그래피(column chromatography), HPLC(High-Performance Liquid Chromatography)등의 분석 장비, 세포를 배양하는 배지 제조, 초자류(glassware)의 세척에 사용한다.
- 물의 순도(purity)는 저항률(resistivity)로 계산한다. 저항률은 전류 흐름을 억제하는 액체의 능력이다. 단위는 Megohms×cm(MO.cm)로 표기한다. 초순도 증류수의 저항률은 18.2MO.cm이다.
- 생물 실험실에서 사용하는 물은 수돗물(tap water)과 증류수(distilled water)가 있다. 수돗물은 구하기 쉽고 흔하지만 각종 유기물, 무기물, 미생물을 포함하고 있으므로 시약 및 완충액을 제조할 때에는 반드시 증류수를 사용하여야 한다.
- 증류수는 미생물에 오염되지 않도록 보호해야 한다.
- 세포 배양에 사용하는 증류수는 추가적으로 멸균 과정을 거쳐야 한다. 오토클레이브(autoclave)를 통한 멸균과 필터를 이용한 멸균법이 있다.

2. 초자류의 세척(Cleaning glassware)

- 초자류를 실험에 사용할 때에는 유리가 깨지지 않도록 주의를 기울여야 한다. 큰 병이나 플라스크, 비커 등에 용액을 담고 옮길 때에는 한 손으로 아래를 받쳐서 옮긴다.
- 초자류는 대부분 내열성이 있으나 급격한 온도 변화에는 깨질 위험이 있다. 예를 들어 끓는 물이 담긴 초자류를 찬물에 담그거나 끓는 물을 바로 초자류에 직접 부으면 유리가 깨질 위험이 있다.

- 생물학 실험에 쓰이는 대부분의 화학 물질은 밀리그램(mg), 마이크로그램(μg) 또는 나노그램(ng)의 단위로 사용된다. 소량의 화학 물질이라도 초자류, 피펫 또는 유리 큐벳(glass cuvette) 등에 남아 있으면 실험의 정확도에 영향을 미치게 된다.
- 대부분의 생물학 실험 반응은 오염 물질에 민감하게 반응한다. 오염 물질은 금속 이온, 세제, 유기물 및 화학 물질 등을 포함하여 말한다.
- 초자류의 세척은 온수 수돗물로 시작하여 최소 10회 정도 세척한다. 그 후 증류수 또는 탈이온수(deionized water)로 4~6회 세척한다. 세제를 사용할 때에는 0.5%로 희석된 세제를 사용하고, 5~10회 증류수나 탈이온수로 세척한다.
- 대부분의 생물학 실험은 건조된 초자류를 실험에 사용하게 된다. 초자류를 건조할 때에는 반드시 증류수로 세척한 후 건조한다. 아세톤 등의 휘발성 용매를 이용하여 건조하면 안 된다.
- 유리 큐벳 등 광학용 측정에 사용하는 유리 제품은 에탄올, KOH 등 강염기로 닦아서는 절대 안 된다. 모든 유리 큐벳은 온수 수돗물이나 0.5% 세제 용액으로 소니케이터를 이용하여 세척한 후 증류수로 세척한다.

3. 농도 계산(Concentrations)

- 생물학 실험에서 가장 널리 쓰이는 농도는 몰농도(Molarity: M), 노르말농도(Normality: N), 부피 퍼센트(percent by volume), 중량 퍼센트(percent by weight), 부피당 중량(weight per volume)이다. 각 농도의 정의와 계산법을 알아보도록 한다.
- 용액(solution)은 용매(solvent)와 용질(solute)의 합으로 구성된다.

1) 몰농도(Molarity: M)

- 용액(solution) 1L에 들어 있는 용질(solute)의 몰수를 나타낸다.
- 몰농도는 밀리몰(mM, 1×10^{-3}M), 마이크로몰(μM, 1×10^{-6}M), 나노몰(nM, 1×10^{-9}M)로도 사용된다.
- 예를 들어 아미노산 알라닌(MW=89.1) 1M 용액에는 1L 용액에 1mol (=89.1g)의 알라닌이 포함되어 있다.

- 아미노산 알라닌(MW=89.1) 1mM의 용액에는 1L 용액에 1mmol(=89.1×10^{-3}g=0.0891g)의 알라닌이 포함되어 있다.
- 아미노산 알라닌(MW=89.1) 1μM의 용액에는 1L 용액에 1μmol(=89.1×10^{-6}g=0.0000891g)의 알라닌이 포함되어 있다.

2) 노르말 농도(Normality: N)

- 노르말 농도(N)는 몰농도(M)를 등가계수(equivalent factor feq)로 나눈 값으로, 용액 1L 속에 들어 있는 용질의 그램당량(gram equivalent) 수를 나타내는 농도이다.

$$N = \frac{M}{f_{eq}}$$

- 종래 산-알칼리 적정, 산화-환원 적정 등에 널리 사용되었다.
- 화학당량으로 측정하기 때문에 분자 수보다 반응 단위가 문제가 되며, 산과 염기의 경우 2가 이상이면 몰농도가 달라진다.
- 예를 들어 황산(H_2SO_4)은 이염기산(diprotic acid)이다. 황산이 물에 용해되면 다음과 같은 수소 이온을 형성한다.

$$H_2SO_4 \Leftrightarrow 2H^+ + SO_4^{2-}$$

- 1몰의 황산을 물에 녹였을 때 2몰의 수소이온이 형성되므로 황산의 등가계수(equivalent factor)는 0.5이다. 따라서 1M(몰농도)의 황산은 2N(노르말 농도)이다.

3) 부피 퍼센트(percent by volume: %wt/vol)

- 100mL의 용액에 들어 있는 용질의 그램 수를 나타낸다.
- 예를 들어 5% 부피 퍼센트 알라닌 용액은 5g의 알라닌이 100mL의 용액에 포함되어 있다.
- 대부분의 생물학 실험에서 사용하는 % 농도는 부피 퍼센트(%wt/vol)를 의미한다.

4) 중량 퍼센트(percent by weight: %wt/wt)

- 100g의 용액에 들어 있는 용질의 그램(g)수를 나타낸다.
- 예를 들어 5% 중량 퍼센트 알라닌 용액은 5g의 알라닌이 100g의 용액에 포함되어 있다.

5) 부피당 중량(weight per volume: wt/vol)

- 단위 부피 용액에 포함되어 있는 용질의 중량을 나타낸다.
- 단위는 mg/mL, g/L, mg/100mL 등으로 표기한다.
- 예를 들어 5g/L 알라닌 용액에는 100mL의 용액에 0.5g의 알라닌이 함유되어 있다.

6) 비례 희석법(linear dilution)

- 고농도의 원액(stock solution)을 이용하여 다른 특정 농도의 용액을 제조할 때 유용하게 쓰이는 방법이다.
- 다음과 같은 비례식에 의하여 계산이 가능하다.

$$C_1V_1 = C_2V_2$$

C_1: stock 용액의 농도
V_1: stock 용액의 부피
C_2: 용액의 특정 농도
V_2: 용액의 특정 부피

- 예를 들어 2M EDTA 용액 100mL을 0.5M로 만들고자 한다면 위의 계산식으로 400mL을 계산할 수 있다. 따라서 100mL 용액에 증류수 300mL를 더 부어서 400mL를 맞추면 된다.

7) 단계 희석법(serial dilution)

- 저농도 용액을 제조할 때, 또는 고농도 원액을 이용하여 저농도 용액을 제조할 때에는 직접 저농도 용액을 제조하는 것보다 단계 희석법(serial dilution)을 이용하면 보다 정확한 농도의 용액을 제조할 수 있다.
- 예를 들어 1M 농도의 원액 100mL를 이용하여 1μM(1×10^{-6} M) 농도 용액 100mL를 제조한다면, 10^{-6} 희석이 필요하므로 1M 농도 0.0001mL와 99.9999mL의 증류수를 섞으면 된다. 그러나 현실적으로 이러한 방법으로는 측정 기구의 오차 등으로 인해 매우 부정확한 농도의 용액이 만들어진다.
- 따라서 1M 용액을 1/100 희석하여 0.01M 용액을 제조하고 이를 1/100 희석하여 1×10^{-4}M 용액을 제조한다. 또 이를 1/100 희석하여 1μM(1×10^{-6}M) 농도 용액을 제조한다.

4. pH와 완충액 제조(pH and buffer solution)

- 대부분의 생물 반응은 세포 안에서 일어나는데, 세포는 대부분 물로 이루어져 있다. 물은 산과 염기의 두 가지 성질(amphoteric)을 모두 가지고 있으므로, 산(proton donor) 또는 염기(proton acceptor)로 작용할 수 있다. 증류수 상태의 물은 다음과 같은 평형을 유지하고 있다.

$$H_2O \Leftrightarrow H^+ + OH^-$$

- 증류수에서 $[H^+] = [OH^-] = 10^{-7}M$ 이다. $pH = -\log[H^+]$이므로 pH=7의 중성을 나타낸다. 이러한 증류수에 산성 또는 염기성 물질이 첨가되면 H^+ 또는 OH^-와 반응하여 용액의 pH는 변화한다.
- 완충액(buffer)의 pH는 Henderson-Hasselbach equation에 의하여 정의된다. 약산이 물에 용해될 때 다음과 같은 화학반응이 일어난다.

$$HA \underset{k_2}{\overset{k_1}{\rightleftharpoons}} H^+ + A^-$$

이때 평형상수(equilibrium constant) Ka는 다음과 같다.

$$K_a = \frac{k_1}{k_2} = \frac{[H^+][A^-]}{[HA]}$$

$$[H^+] = \frac{K_a[HA]}{[A^-]}$$

$$pH^+ = pK_a + \log\frac{[A^-]}{[HA]}$$

(Henderson-Hasselbach equation)

- buffer 이온은 용액의 pH를 일정하게 유지하는 기능을 한다. 모든 생물 반응은 pH 6~8 사이에서 일어난다. 다양한 buffer가 pH를 유지하는 데 도움을 주며, pH 6~8을 유지한다.
- 인산 완충액(phosphate buffer)은 pH 6.5~7.5를 유지하므로, 세포 안 환경과 매우 유사하다. 인산 나트륨(sodium phosphate: NaH_2PO_4 또는 Na_2HPO_4) 또는 인산 칼륨(potassium phosphate: KH_2PO_4 또는 K_2HPO_4)을 Henderson-Hasselbach 방정식을 이용하여 제조할 수 있다. 인산 완충액의 단점으로는 생물체 내의 Ca^{2+} 또는 Mg^{2+}와 반응하여 침전을 형성할 수 있고 일부 생체 효소의 반응을 억제하며, 완충이 가능한 pH

의 범위가 제한적이라는 점이다.

- 쌍성이온 완충액(zwitterionic buffer)은 기존 완충액이 가진 단점을 극복하기 위해 고안된 완충액으로 다음과 같은 장점을 가지고 있다.

① pK_a가 6~8이다.
② 수용액에서 용해도가 매우 높다.
③ 생체막에 의해 수송되지 않는다.
④ 염 효과가 최소화된다.
⑤ 이온 조성, 농도, 온도에 의한 분해가 최소화된다.
⑥ 완충액과 금속 이온의 결합이 존재하지 않거나 수용성이다.
⑦ 화학적으로 안정하다.
⑧ 자외선 또는 가시광선 영역의 빛을 흡수하지 않는다.
⑨ 정제된 형태로 사용이 용이하다.

- 쌍성이온 완충액으로 사용되는 다양한 화학 물질이 표 1-1에 정리되어 있다.
- 카르복실산 완충액(carboxylic acid buffer)은 아세테이트(acetate), 포름산염(formate), 시트르산염(citrate), 숙신산염(succinate) 등의 약산을 이용하여 제조한다. pH 범위는 3~6이다. 이들 약산은 자연적으로 세포 안에 존재하는 대사물로서 특정 생물 반응에 간섭을 할 수도 있다. 또한 시트르산염(citrate)과 숙신산염(succinate)은 금속이온과 결합할 수도 있다.
- 붕산염 완충액(borate buffer)은 붕산(boric acid)을 이용하여 제조하며, pH 8.5~10이다. 이 완충액은 당류와 결합하는 것이 단점이다.
- 아미노산 완충액(amino acid buffer)은 글라이신(glycine: pH 2~3 또는 9.5~10.5), 히스티딘(histidine: pH 5.5~6.5), 글리신 아미드(glycine amide: pH 7.8~8.8), 글리실글리신(glycylglycine: pH 8~9) 등이 있다. 아미노산 완충액은 보다 세포에 가까운 환경을 만들지만 생화학 반응에 간섭할 수도 있다.

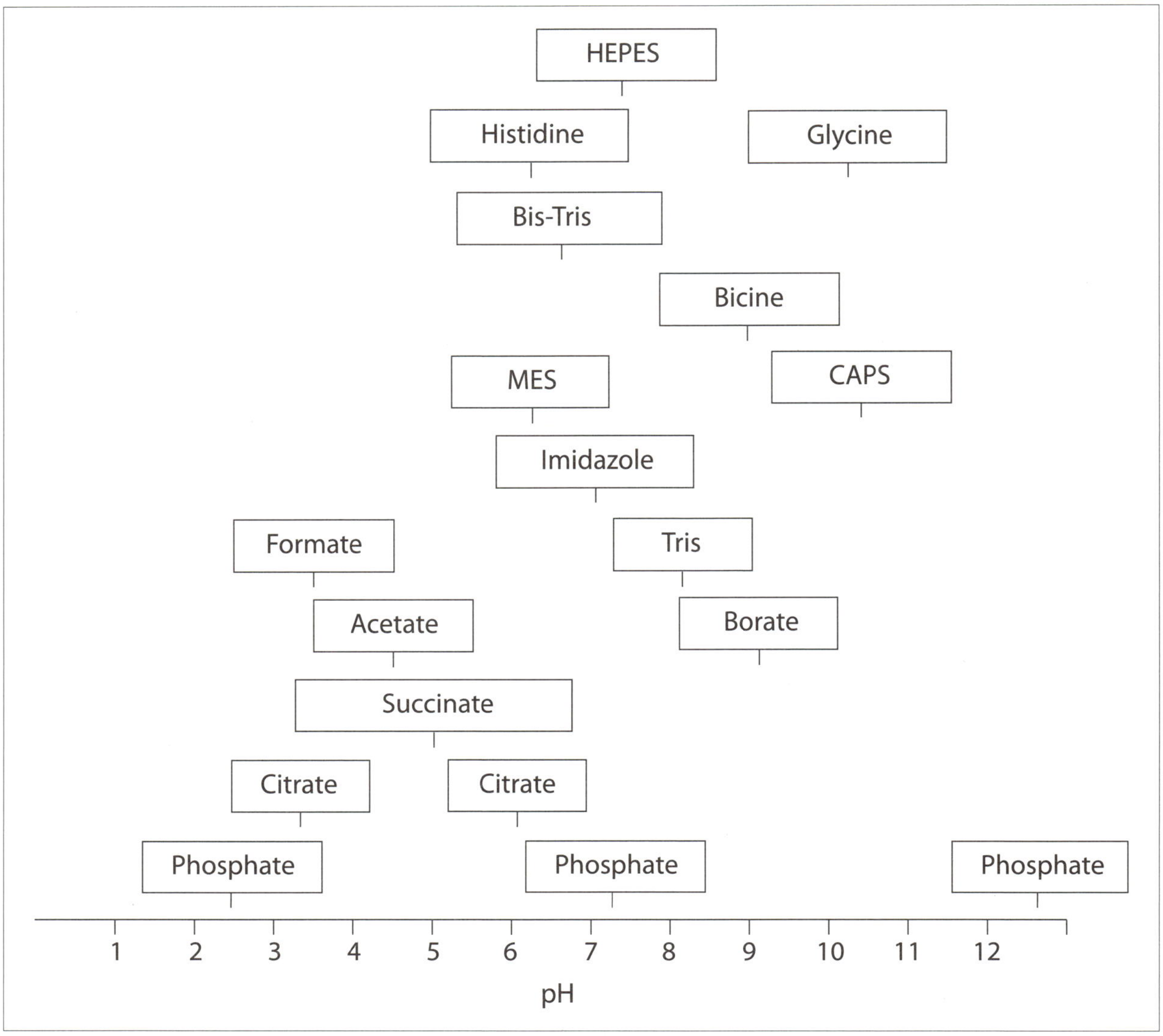

표 1-1 각종 완충액과 pH 범위

참고하면 좋을 자료

J. Risley (1991). "Preparing Solutions in the Biochemistry Lab." *J. Chem. Edu.* 68, pp. 1054-1055.
http://pubs.acs.org/doi/abs/10.1021/ed068p1054
생화학 실험에서 buffer 완충액 만드는 방법을 알기 쉽게 정리한 논문이다.

M. Caspers and Roberts-Kirchhoff (2003). "An Undergraduate Biochemistry Laboratory Course with an Emphasis on Research Experience." *Biochem*. Mol. Edu. 31, pp. 303-307.
https://doi.org/10.1002/bmb.2003.494031050257
대학교 생화학 실험 수업에서 프로젝트 기반의 실험을 강조했을 때의 교육 효과를 정리한 논문이다.

4. 실험 장비 사용법 (How to use lab equipment and instrument)

1. 피펫(Pipette)

- 피펫은 물질의 정량적인 이동에 사용하는 실험 도구다.
- 분자생물학 실험에 주로 사용하는 피펫은 1mL 이하의 물질을 이동하는 데 사용하는 마이크로피펫(micropipette)(그림 1-1)이다.
- 마이크로피펫은 1μL, 2μL, 10μL, 20μL, 100μL, 200μL, 1,000μL의 다양한 종류가 존재한다.
- 마이크로피펫의 사용법은 다음과 같다.

① 원하는 특정 부피를 마이크로피펫 눈금에 맞춘다.
② 마이크로피펫 끝에 일회용 팁을 살짝 돌려서 끼운다. 지나치게 강한 힘으로 누르지 않는다.
③ 마이크로피펫 버튼을 엄지손가락으로 눌러서 첫 번째 정지하는 상태에서 일회용 팁을 용액의 2~4mm 안에 담근다.
④ 부드럽게 마이크로피펫 버튼에서 엄지손가락을 놓으면서 액체가 일회용 팁으로 빨려 올라오는 것을 육안으로 확인한 후 1~2초 정도 기다린다.
⑤ 사용하고자 하는 병이나 용기 벽에 팁을 위치시키고, 버튼을 엄지손가락으로 눌러서 첫 번째 정지하는 위치까지 누른다. 2~3초 후에 버튼을 계속 눌러서 두 번째 정지하는 위치까지 누른다.
⑥ 버튼에서 엄지손가락을 떼고 일회용 팁을 제거한다.

- 사용이 끝난 마이크로피펫은 내부 스프링이 늘어나지 않도록 부피 눈금을 최대치로 맞추어 놓는다(예를 들어 P200은 200μL 눈금에 맞춘다).
- 실험에 사용하는 모든 마이크로피펫은 정기적으로 교정(calibration)한다.
- 많은 샘플의 이동(96 well 등)에는 멀티채널 피펫(Multi-channel pipette)(그림 1-2)을 사용하는 편이 바람직하다. 멀티채널 피펫을 사용할 때는 일회용 팁이 균일하게 피펫에 장착되도록 해 부피의 오차가 발생하는 것을 최소화하도록 주의해야 한다.

• 최근에는 디지털 마이크로피펫(Digital micropipette)(그림 1-3)이 널리 보급되고 있다.

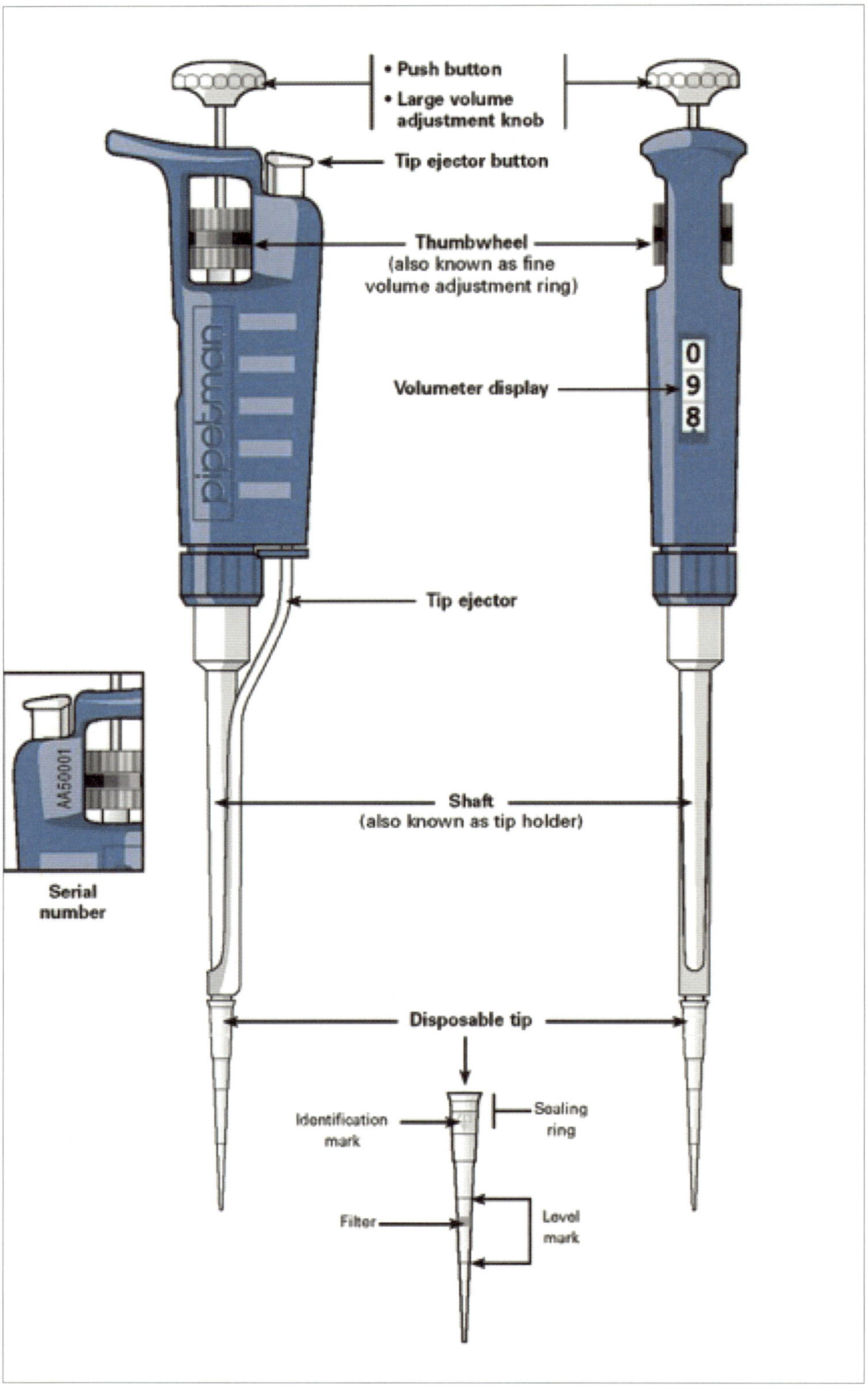

그림 1-1 마이크로피펫(Micropipette)

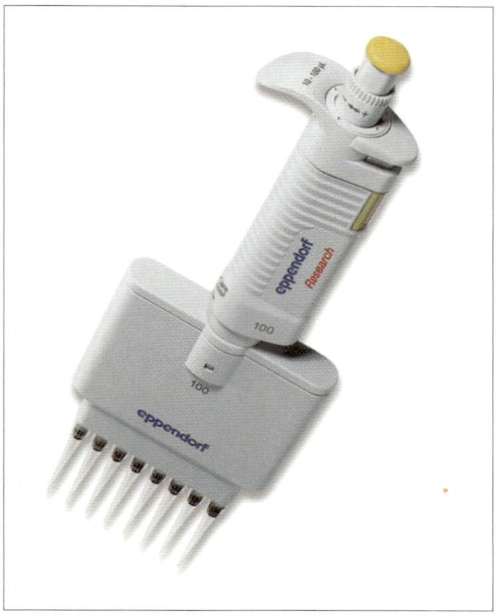

그림 1-2 멀티채널 피펫
(Multi-channel pipette)

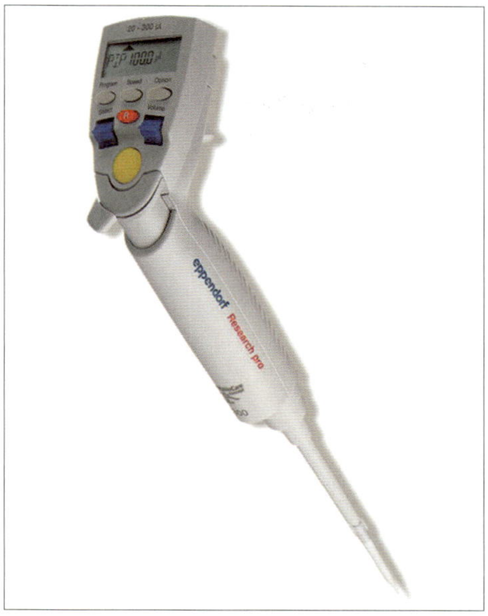

그림 1-3 디지털 마이크로피펫
(Digital micropipette)

2. 원심분리기(Centrifuge)

- 원심분리기(centrifuge)(그림 1-4, 1-5)는 중력과 회전력을 이용하여 샘플 비중에 따라 분리하는 실험 기기다. 원심분리기는 고속으로 회전하는 로터(rotor)에 샘플이 담긴 튜브를 꽂아서 사용하므로 사용하는 데 많은 주의가 필요하다.
- 원심분리기는 반드시 평평한 표면에 놓고 사용한다.
- 샘플의 균형 맞추기: 원심분리기에 샘플이 담긴 튜브를 꽂을 때는 항상 균형을 유지해야 한다. 경사진 표면에 위치한 원심분리기는 절대로 작동하면 안 된다.
- 로터가 회전하고 있을 때는 절대 원심분리기의 뚜껑을 열지 않는다. 고속으로 회전하는 로터에 손가락을 댈 경우 절단 위험이 있으므로 극도의 주의가 필요하다. 인내심을 가지고 로터가 완전히 정지할 때까지 기다린다.
- 원심분리기에 샘플을 장착하고, 초기 작동 시에 기계에서 심한 진동이나 소음이 발생할 경우 원심분리기의 작동을 일시 중지한다. 일시 중지 버튼이 작동하지 않을 때에는 전원 플러그를 뽑아서 작동을 중지한다. 회전 중에 발생하는 심한 진동이나 소음은 로터의 장착 불량, 샘플의 불균형 등에 의한 것으로, 대형 사고를 유발할 수 있으므로 즉시 작

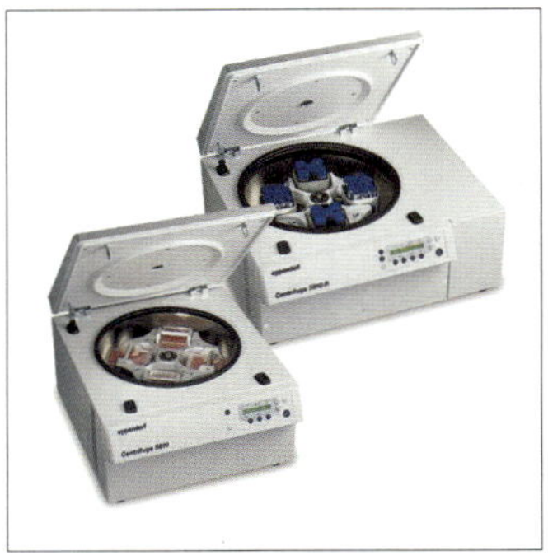

그림 1-4
원심분리기(centrifuge)

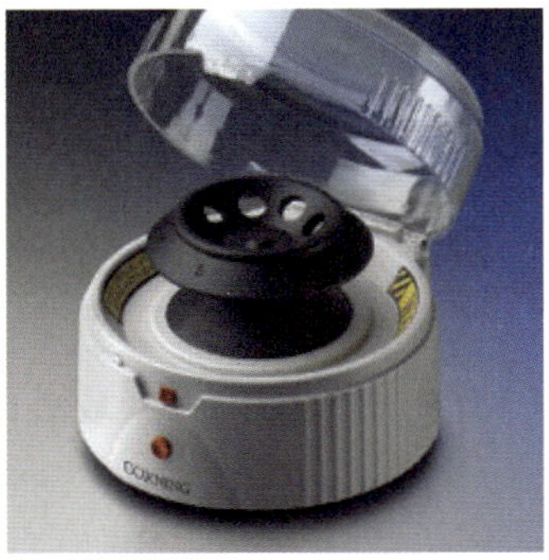

그림 1-5
마이크로 원심분리기
(Micro centrifuge)

동을 중지해야 한다.

- 원심분리기 작동 중에 절대 장비에 충격을 가하거나 장비를 이동하거나 하지 않는다. 원심분리기 전기선은 실험자의 이동에 방해가 되지 않도록 잘 정리하여 유지한다.
- 원심분리기 회전수는 원심분리기 회전 속도(RPM: Rotation Per Minute)와 중력 단위(RCF: Relative Centrifugal Force: ×g 또는 times gravity)로 조절할 수 있다. 대부분의 소형 원심분리기는 RPM으로만 표시가 되어 있고, 중형 이상에서는 RPM과 RCF로 선택할 수 있다. RPM은 원심분리기의 분당 회전수를 나타낸다. RCF는 회전 시에 샘플이 받는 상대원심력을 나타낸다. 상대원심력은 로터의 반지름 길이에 비례하여 증가한다.

  따라서 각각 다른 2개의 원심분리기에서 동일한 RPM으로 회전을 한다고 가정할 때 RCF는 다를 수 있다. 실험 과정이 정확한 RCF를 요구하는 경우, 원심분리기 제조회사 로터의 정보를 이용하여 RPM과 RCF의 값을 정확히 알 수 있다(표 1-2).
- 예를 들어 표 1-2에서 반지름이 7인 로터의 경우 5,000RPM일 때 RCF는 1,957×g가 된다.

Speed	Rotor Radius (from center of rotor to sample) in centimeters											
(RPM)	4	5	6	7	8	9	10	11	12	13	14	15
1000	45	56	67	78	89	101	112	123	134	145	157	168
1500	101	126	151	176	201	226	252	277	302	327	352	377
2000	179	224	268	313	358	402	447	492	537	581	626	671
2500	280	349	419	489	559	629	699	769	839	908	978	1048
3000	402	503	604	704	805	906	1006	1107	1207	1308	1409	1509
3500	548	685	822	959	1096	1233	1370	1507	1643	1780	1917	2054
4000	716	894	1073	1252	1431	1610	1789	1968	2147	2325	2504	2683
4500	906	1132	1358	1585	1811	2038	2264	2490	2717	2943	3170	3396
5000	1118	1398	1677	1957	2236	2516	2795	3075	3354	3634	3913	4193
5500	1353	1691	2029	2367	2706	3044	3382	3720	4058	4397	4735	5073
6000	1610	2012	2415	2817	3220	3622	4025	4427	4830	5232	5635	6037
6500	1889	2362	2834	3306	3779	4251	4724	5196	5668	6141	6613	7085
7000	2191	2739	3287	3835	4383	4930	5478	6026	6574	7122	7669	8217
7500	2516	3144	3773	4402	5031	5660	6289	6918	7547	8175	8804	9433
8000	2862	3578	4293	5009	5724	6440	7155	7871	8586	9302	10017	10733
8500	3231	4039	4847	5654	6462	7270	8078	8885	9693	10501	11309	12116
9000	3622	4528	5433	6339	7245	8150	9056	9961	10867	11773	12678	13584
9500	4036	5045	6054	7063	8072	9081	10090	11099	12108	13117	14126	15135
10000	4472	5590	6708	7826	8944	10062	11180	12298	13416	14534	15652	16770
10500	4930	6163	7396	8628	9861	11093	12326	13559	14791	16024	17256	18489
11000	5411	6764	8117	9469	10822	12175	13528	14881	16233	17586	18939	20292
11500	5914	7393	8871	10350	11828	13307	14786	16264	17743	19221	20700	22178
12000	6440	8050	9660	11269	12879	14489	16099	17709	19319	20929	22539	24149
13000	7558	9447	11337	13226	15115	17005	18894	20784	22673	24562	26452	28341
13500	8150	10188	12225	14263	16300	18338	20376	22413	24451	26488	28526	30563
14000	8765	10956	13148	15339	17530	19722	21913	24104	26295	28487	30678	32869

표 1-2 원심분리기 회전수 변환표(RPM & RCF)

3. 유전자 증폭기(Thermal Cycler 또는 PCR machine)

1) 기본 원리

- 유전자 증폭기(Thermal Cycler 또는 PCR machine)는 DNA를 증폭하는 데 사용하는 실험 장비이다.
- 유전자 증폭기(Thermal Cycler 또는 PCR machine)는 PCR 반응에 필요한 온도를 프로그램에 입력하여 자동으로 온도와 시간을 조절하는 장치이다.

2) 유전자 증폭기(Thermal Cycler 또는 PCR machine)의 PCR 반응 과정은 다음과 같이 6단계로 구성된다.

① 개시(initiation) 단계: 94~96°C에서 1~10분간 반응하는 과정

② 열변성(denaturation) 단계: 94~96°C에서 20~30초간 반응하는 과정으로 이때 DNA의 이중나선구조를 이루고 있는 수소결합을 분해하여 단일가닥 DNA(single-stranded DNA)를 형성한다.

③ 결합(annealing) 단계: 50~65°C에서 20~40초간 반응하는 과정으로 프라이머(primer)가 단일가닥 DNA(single-stranded DNA)에 부착하는 과정. 이 온도는 프라이머(primer)의 Tm 온도보다 5°C 정도 낮게 설정한다.

④ 신장(extension/elongation) 단계: 72°C에서 30초~2분간 반응하는 과정으로 새로운 DNA가 합성되는 과정. *Taq* 중합효소(*Taq* polymerase)가 dNTP를 첨가하여 주절편에 상보적인 DNA를 합성한다.

⑤ 최종 신장(final elongation) 단계: 72°C에서 5~15분간 반응하는 과정으로 남아 있는 단일가닥 DNA(single-stranded DNA)가 완벽히 합성된다.

⑥ 최종 보관(final hold) 단계: 4°C에서 무한대 시간까지 단기간 PCR 결과물을 보존하는 과정이다.

3) PCR 프로토콜의 입력

- Bio-Rad사의 T100 Thermal Cycler 모델(그림 1-6)의 PCR 사용법에 대해 알아보자.
- 새로운 PCR 프로토콜을 입력하려면 홈 스크린에서 **New Protocol**을 선택한다(그림 1-7).

- 스크린에 샘플 부피, 덮개 온도, PCR 각 반응의 온도와 시간을 설정하는 스크린(그림 1-8)이 나타난다. 여기서 각 과정의 특정 온도와 시간을 설정한다. 통상 덮개 온도는 100°C로 설정하는데 이는 PCR 반응 용액의 증발을 막기 위해서이다.
- 프로그래밍 후에 **Save**를 누르면 PCR 반응에 관한 정보가 저장되어 다음에도 쉽게 사용할 수 있다. **Run**을 누르면 PCR 반응이 개시된다.
- 보다 자세한 작동방법은 참고 자료의 T100 Thermal Cycler Instruction manual을 참고한다.

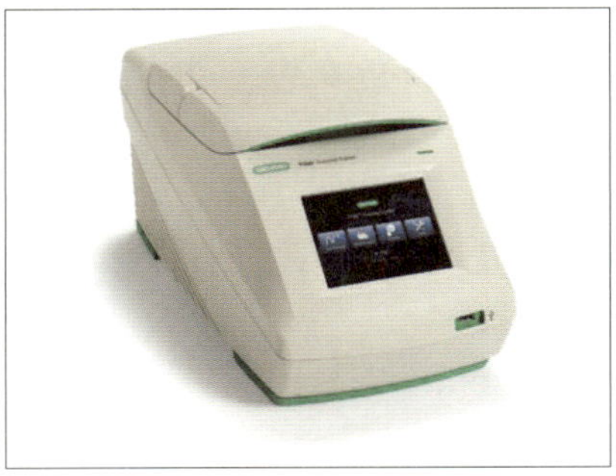

그림 1-6 Bio-Rad T100 Thermal Cycler

그림 1-7 T100 Home screen

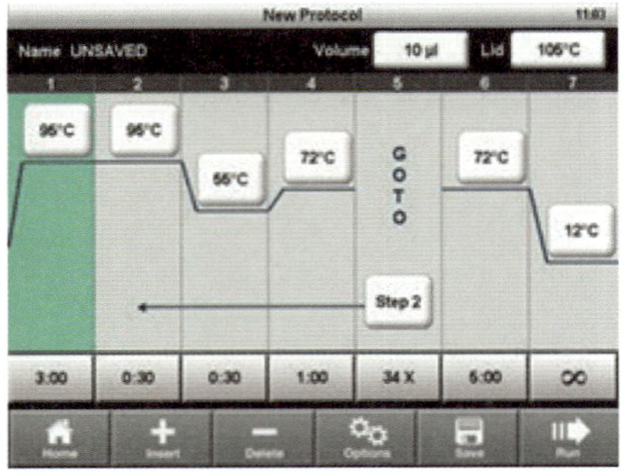

그림 1-8 T100 Protocol screen

4. DNA 전기영동 장치

1) 기본 원리

- DNA 전기영동은 DNA 크기에 따라 분리하는 실험 방법이다.
- DNA는 DNA의 뼈대를 구성하는 당-인산 결합의 인산기(phosphate group) 때문에 전기영동에 사용되는 완충액에서 음전하를 띠며 두 전극 사이에 위치했을 때 완충액의 양극 쪽으로 움직이게 된다. DNA 분자가 젤 매트릭스(gel matrix) 사이를 통과하는 속도는 분자량이 커질수록 늦어지며 젤 매트릭스가 치밀할수록(gel %가 높을수록) 늦어진다. 또한 DNA 분자량이 같더라도 구조에 따라서 움직이는 속도가 다르다. 예를 들어 수퍼코일 DNA(supercoiled DNA)는 원형 DNA(circular DNA)보다 빠르게 움직인다. 원형 DNA(circular DNA)는 선형 DNA(linear DNA)보다 빠르게 움직인다.
- 젤 재료는 아가로스(agarose) 또는 폴리아크릴아미드(polyacrylamide)가 흔히 쓰이며 분리하고자 하는 DNA 크기에 따라서 선택을 한다. 아

가로스 젤(agarose gel)은 100bp 이상 20kb까지의 DNA를 분리하는 데 사용하며, 폴리아크릴아미드 젤(polyacrylamide gel)은 1kb이하 크기의 DNA를 분리하는 데 사용한다. 통상적으로 실험실에서 클로닝(cloning), 제한효소 지도 작성(restriction mapping), PCR 결과물 확인 등에는 주로 아가로스 젤(agarose gel)을 사용한다. DNA 크기에 적합한 아가로스 젤 농도는 표 1-3과 같다.

- 아가로스 젤에서 DNA 이동속도(migration rate)에 영향을 주는 요소는 다음과 같다.
    - DNA 분자의 크기
    - 아가로스 젤 농도
    - DNA의 구조(conformation)
- 수퍼코일 DNA(supercoiled DNA) 〉 원형 DNA(circular DNA) 〉 nicked circular DNA 〉 선형 DNA(linear DNA)
    - 전압
    - 로딩다이(loading dye)
    - buffer 용액의 조성과 이온화 세기

% Agarose concentration in gel (w/v)	Efficient separation range for linear double stranded DNA molecules (Kb)
0.3	5-60
0.6	1-20
0.7	0.8-10
0.9	0.5-7
1.2	0.4-6
1.5	0.2-3
2.0	0.1-2

표 1-3 아가로스 젤 농도와 DNA 길이

2) 전기영동 장치

- DNA 전기영동 장치(Mupid-One)는 전기영동유닛(electrophoresis unit)과 젤 캐스팅 세트(gel-casting set)로 구성된다.
- 전기영동유닛(electrophoresis unit)은 본체(electrophoresis cell), 덮개(safety lid), 전원공급장치(power supply)로 구성된다.
- 젤 캐스팅 세트는 젤 트레이(gel tray), 스탠드(gel casting stand), 콤(comb)

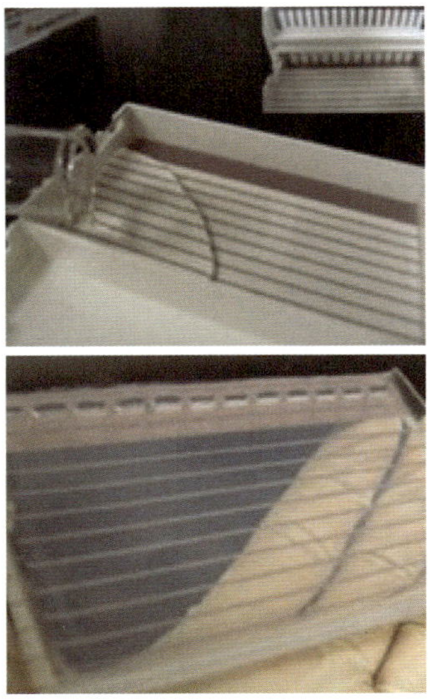

그림 1-9
아가로스 젤 만들기

으로 구성된다.

- DNA 젤은 젤 트레이를 스탠드에 올려 놓고, 특정 중량의 아가로스를 1× TAE buffer에 넣은 후 전자레인지로 녹여 만든다. 아가로스 용액이 투명해지면서 기포를 형성하며 끓으면 병을 전자레인지에서 꺼내어 식힌다. 식히는 도중에 용액 온도가 약 60°C에 도달하면 ECOred를 섞는다. ECOred는 EtBr의 대체용품으로 무독성이다. 1× TAE buffer의 조성은 다음과 같고, 평상시에는 50× stock 용액을 희석하여 사용한다(그림 1-9).
- 1× Tris-Acetate-EDTA(TAE)의 조성: 40mM Tris(pH 7.6), 20 mM acetic acid, and 1 mM EDTA.
- 50× TAE Stock(1 liter) 제조법

600mL의 증류수에 아래 화학물을 섞은 후 부피를 1L가 되게 증류수를 첨가한다.
242g Tris base(MW = 121)
57.1mL glacial acetic acid
100mL 0.5M EDTA(pH 8.0).

- 아가로스 젤 용액을 젤 트레이에 부은 후 콤을 설치하여 젤이 굳을 때까지 10~20분간 기다린다. 이 때 콤이 젤 트레이 밑바닥에 닿으면 절대 안 된다. 콤은 젤의 2/3 정도까지 위치시키며 샘플을 담을 웰(well)을 만들어야 한다.
- 전기영동 본체에 표시된 눈금까지 1× TAE buffer를 채우고, 젤 트레이를 옮겨 1× TAE buffer에 담근다. 이때 buffer에 형성되는 양극과 음극의 위치를 확인해야 한다.
- 약 5μL DNA 샘플을 파라필름에 스포팅되어 있는 1μL 로딩다이와 피펫을 이용하여 잘 섞은 후 샘플을 웰에 조심스럽게 담는다(그림 1-10).

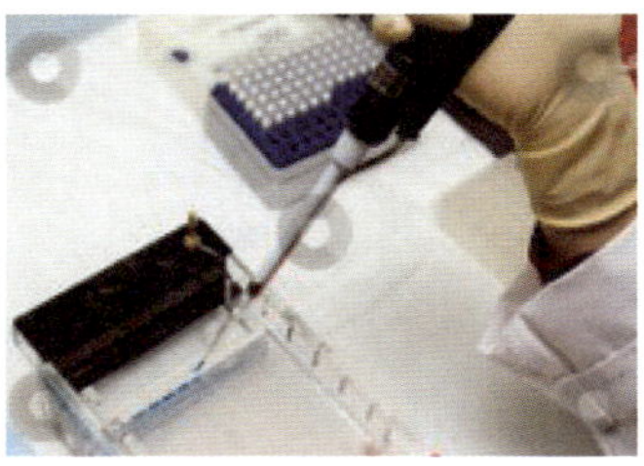

그림 1-10 DNA 로딩

- 전기영동장치의 덮개를 덮고, 50~100볼트에서 전기영동을 15~60분 정도 진행한다.
- 로딩 다이가 젤의 끝에 도달할 즈음 전기를 차단하고 젤을 UV 트랜스일루미네이터(UV transilluminator) 위에 놓고 DNA를 관찰한다.
- 보다 자세한 실험 방법은 참고 자료의 Mupid-One manual을 참고한다.

5. 자외선−가시광선 흡광도기(UV−Vis. Spectrometer)

1) 기본 원리

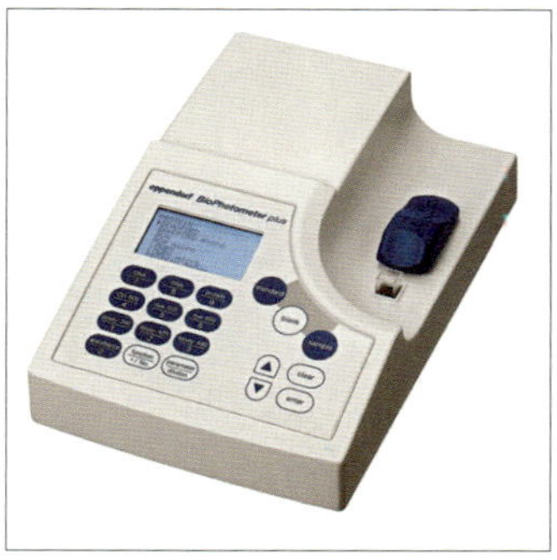

그림 1−11
자외선−가시광선 흡광도기
(UV−Vis. Spectrometer)

- 자외선-가시광선 흡광도기(UV-Vis. Spectrometer)(그림 1-11)는 빛이 시료 용액을 통과할 때 흡수나 산란 등에 의하여 강도가 변화하는 것을 이용하는 것으로서, 시료 물질의 용액 또는 여기에 적당한 시약을 넣어 발색시킨 용액의 흡광도를 측정한다.
- 파장 200~900nm에서의 액체 흡광도를 측정하여 시료 중의 목적 성분을 정량하는 방법이다.
- **비어 램버트의 법칙(Beer−Lambert Law)**

특정 빛이 지나가는 통로에 시료가 존재, 시료에 의해서 빛이 흡수되면 빛의 복사 세기(I)가 감소한다. 복사 세기는 복사체에서 방출되는 어느 방향의 단위 입체각당 단위 시간의 복사 에너지를 말한다. 복사 세기가 I_0인 빛이 길이 b인 시료를 통과하여 나온 후의 복사 세기가 I_t이다. 이때 빛의 일부가 흡수되므로 투광도(T)는 다음과 같다.

$$T = \frac{I_t}{I_0}$$

그러므로 T는 0~1 사이의 값을 가진다. 더 유용한 정보는 흡광도(A)이며 다음과 같이 정의한다.

$$A = \log \frac{I_t}{I_0} - \log T$$

빛이 전혀 흡수되지 않았을 때는 I_t=I_0이므로 A=0가 된다.

만약 90%의 빛의 흡수되었다면 10%가 투과되므로 A=1이 된다.

흡광도가 중요한 이유는 흡광도가 시료 중에 함유되어 있는 화학 물질의 농도에 정비례하기 때문이다. 따라서 농도에 대해 log 함수로 나타나는 세기보다는 직선성을 가지는 흡광도로 표현하는 것이 쉽다. 이를 비어 램버트의 법칙(Beer-Lambert Law)이라고 한다.

$$A = ebc$$

A: 흡광도

e: wavelength−dependent absorptivity coefficient

b: 시료의 두께

c: 시료의 농도

2) 핵산(nucleic Acid)의 정량

- 1cm 길이, 260nm(OD 260) 파장에서 1의 값을 갖는 각 핵산(nucleic acid)의 농도는 다음과 같다.
  이중나선 DNA(double-stranded DNA: dsDNA): 50μg/mL
  단일가닥 DNA(single-stranded DNA: ssDNA): 33μg/mL
  올리고 뉴클레오티드(oligonucleotide): 20-30μg/mL
  RNA: 40μg/mL
- 시료 안 불순물의 오염 정도를 알아보기 위하여 OD260/OD280 비율을 동시에 계산한다.
  순수한 DNA의 OD260/OD280 비율은 약 1.8이다.
  순수한 RNA의 OD260/OD280 비율은 약 2.0이다.
  OD260/OD280 비율값이 감소하는 경우는 시료 안에 핵산이 단백질 또는 페놀 등에 의하여 오염된 경우이다.
- 정량 방법
  증류수 또는 1× TE buffer에 시료를 희석한다. 시료가 들어 있지 않은 용매를 흡광도로 측정하여 이를 0점으로 맞춘다. 희석한 시료를 흡광도로 측정하여 그 값을 기록한다.
- 위의 각 핵산(nucleic acid) 농도와 희석 배율(dilution factor)을 이용하여 비례식으로 시료의 농도를 측정할 수 있다.
  이중나선 DNA(dsDNA): 50μg/mL × OD260 × dilution factor
  단일가닥 DNA(ssDNA): 33μg/mL × OD260 × dilution factor
  올리고 뉴클레오티드(oligonucleotide): 20~30μg/mL × OD260 × dilution factor
  RNA: 40μg/mL × OD260 × dilution factor
- 예를 들어 dsDNA 시료를 1/100 희석하여(dilution factor=100) OD260 측정값 0.5를 얻었다고 가정하면 시료의 dsDNA의 농도는 다음과 같다.
  dsDNA 농도 = 50μg/mL × OD260 × dilution factor
  = 50μg/mL × 0.5 × 100 = 2500μg/mL = 2.5mg/mL
- 기기의 자세한 사용법은 참고 자료의 Biophotometer Plus manual을 참고한다.

참고하면 좋을 자료

http://www.youtube.com/watch?v=waZfBR7fk_8
마이크로피펫의 원리와 사용법을 동영상으로 상세하게 설명한다.

http://www.youtube.com/watch?v=jUfhy2JRhRM
원심분리기의 원리와 사용법을 동영상으로 상세하게 설명한다.

http://learn.genetics.utah.edu/content/labs/pcr/
PCR 버추얼 랩(virtual lab)으로 PCR의 원리와 사용법을 동영상으로 상세하게 설명한다.

http://learn.genetics.utah.edu/content/labs/gel/
DNA 전기영동 버추얼 랩(virtual lab)으로 DNA 전기영동을 가상환경에서 실험해 볼 수 있다.

http://www.youtube.com/watch?v=tTj8p05jAFM
DNA 전기영동 원리와 사용법을 동영상으로 상세하게 설명하고 있다.

http://www.youtube.com/watch?v=JzNe-Bk2shQ
자외선–가시광선 흡광도기 원리와 사용법을 동영상으로 상세하게 설명한다.

https://naver.me/FbqoVdKn
Bio–Rad T100 Thermal Cycler 사용 매뉴얼(영문)이다.

https://naver.me/Fsw9oNUR
Mupid One DNA 전기영동장치 사용 매뉴얼(영문)이다.

https://naver.me/x0XmOCiv
BiophotometerPlus 사용 매뉴얼(영문)이다.

MEMO

MEMO

MEMO

PART 2

생물정보학

Bioinformatics

1. 유전자 염기 서열 정보 (Sequence database)

- 2003년 인간 유전체 프로젝트(Human genome project)의 완성으로 인간의 유전체 염기 서열이 밝혀진 후 방대한 양의 DNA, RNA, 단백질 서열 정보가 저장되어 왔다. 인간 유전체 데이터뿐만 아니라 유전자의 구조와 기능, 서열 변이 정보, 모델 생물체의 유전체 정보 등이 집적되어 생물학 실험에 유용한 생물정보학이 성립하였다.
- 생물학 실험에 필수적으로 사용하는 논문 검색법, 유전자 염기 서열 검색법 및 유전자 염기 서열 비교법에 대하여 알아보고자 한다.

1. Entrez Discovery Pathway

- NCBI(National Center for Biotechnology Information) Entrez sytem 홈페이지: http://www.ncbi.nlm.nih.gov
- 생물정보학에서 가장 많이 사용하는 데이터베이스가 NCBI Entrez system이다. Entrez는 논문, 유전자 서열, 단백질 구조, 염색체 정보 등이 모두 연결되어 있는 인터페이스이다(그림 2-1).
- 생물학 실험에 기초적으로 사용되는 논문 검색법, 유전체 DNA (genomic DNA) 염기 서열, RNA 염기 서열 및 BLAST에 대한 생물학 정보학 기술을 학습한다.

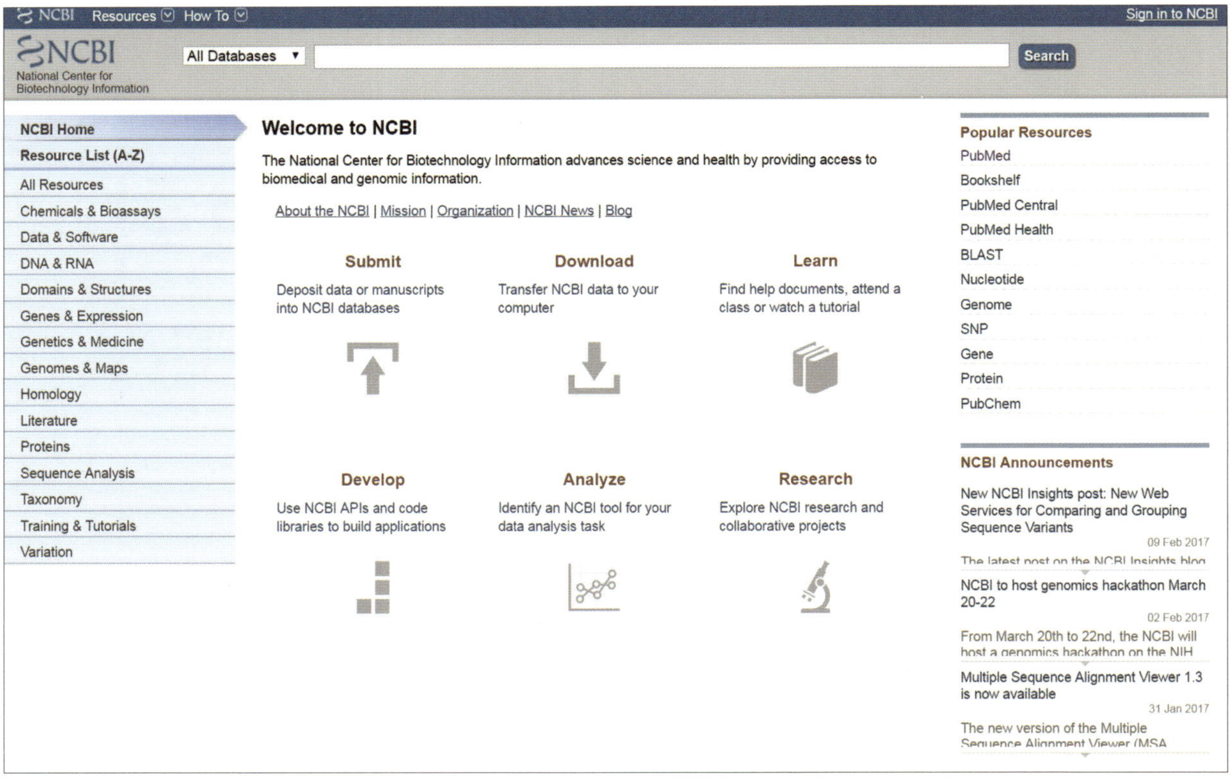

그림 2-1 Entrez discovery pathway 홈페이지

2. Pubmed 논문 검색

1) Pubmed 웹사이트에 접속하여 논문을 검색하고 전자저널을 다운로드할 수 있다. http://www.ncbi.nlm.nih.gov/pubmed

2) 논문 검색은 키워드 검색, 저자명 검색, 연도별 검색이 가능하다. 검색 결과는 온라인 계정을 통해 저장이 가능하다.

3) 논리연산자를 사용하여 조합 검색이 가능하다.

- **AND**: 검색어를 모두 포함하는 자료 검색
- **OR**: 검색어를 하나 또는 그 이상 포함하는 자료 검색
- **NOT**: NOT 뒤에 오는 검색어를 제외한 자료만 검색

4) 검색어를 이용한 논문 검색법

- Stem cell과 differentiation에 관한 논문을 찾으려면 stem cell **and**

differentiation으로 검색한다.

- Stem cell 또는 differentiation에 관한 논문을 찾으려면 stem cell **or** differentiation으로 검색한다.
- Stem cell과 differentiation에 관한 논문 중 muscle과 관계 없는 논문을 찾으려면 (Stem cell **and** differentiation) **not** muscle이라고 입력하여 검색한다.
- Stem cell과 differentiation 또는 muscle에 관해 언급한 논문을 찾으려면 (Stem cell **and** differentiation **or** muscle)라고 입력하여 검색한다.

5) Display setting을 통하여 검색 결과 논문의 포맷 형식, 관련 논문 숫자, 정렬 방식(최근 또는 이름 순서 등)을 변경하여 검색 결과를 다시 분류하여 볼 수 있다.

6) Choose additional filters 메뉴를 이용하여 검색

- 왼쪽에 위치한 Choose additional filters 메뉴를 이용하여 검색 결과를 분류할 수 있다(그림 2-2). 추가적인 필터를 적용할 경우 상단에 필터가 활성화되었음이 나타나며, Additional filters를 적용하면 보다 자세한 옵션을 적용하여 분류할 수 있다(그림 2-3)(그림 2-4). 검색 결과가 너무 많이 나왔을 경우, 이러한 추가 필터를 이용하여 검색 결과를 원하는 옵션을 선택하여 좁혀 나갈 수 있다.

7) 리뷰 논문(review)의 검색

- 논문은 성격에 따라 리뷰 논문(review)과 연구 논문(research paper)으로 분류할 수 있다. 리뷰 논문은 특정 분야의 최고 권위자 여러 명이 해당 분야의 최근 연구 내용, 경향이나 전망 등을 정리한 논문이다. 따라서 리뷰 논문은 일반 논문보다 특정 주제에 대해 거시적인 접근을 한다는 데 가치가 있으며, 특정 분야의 전반적인 동향을 알기에 적합한 논문이다. 반면에 연구 논문은 특정 주제에 관하여 실험과 실험 결과를 정리한 논문으로 실험 방법, 결과 및 토의에 대한 자세한 내용을 포함한다. 따라서 논문을 검색하여 읽을 때에는 리뷰 논문부터 시작하여, 리뷰 논문의 참고 문헌으로 제시된 연구 논문을 읽는 순서로 진행하는 것이 효과적이다. 리뷰 논문의 검색은 추가 필터의 **Article types**에서 **Review**를 선택한다.

8) 특정 저널에 수록된 논문 검색법

- 특정 저널에 수록된 논문을 검색하려면 검색창에 논문명과 검색어를 차례로 입력하여 검색하면 된다. 예를 들어 Molecular Biology of the Cell 저널에 수록된 drosophila 관련 논문을 검색하려면 molecular biology of the cell drosophila를 검색창에 입력하고 검색한다. 그러나 논문명과 검색어가 혼동을 일으킬 가능성이 존재한다.
- 위와 같은 혼동을 방지하기 위해서는 검색창 밑에 위치한 **Advanced**를 클릭하여 **Pubmed Advanced Search Builder**를 연다. 여기에서 왼쪽의 옵션에서 **Journal**을 선택하고 원하고자 하는 논문명을 검색한다(그림 2-5). 논문명의 일부분을 입력하여도 해당 단어를 포함하는 저널이 검색되므로 여기서 선택한다(그림 2-6). 그리고 아래 검색란에 특정 단어, 저자 등을 이용하여 검색할 수 있다.
- **Pubmed Advanced Search Builder**에는 아랫 부분의 **History**에 내가 수행한 검색 조건과 해당 논문의 수가 표시된다. 온라인 계정을 통하여 검색 결과를 저장할 수 있다.

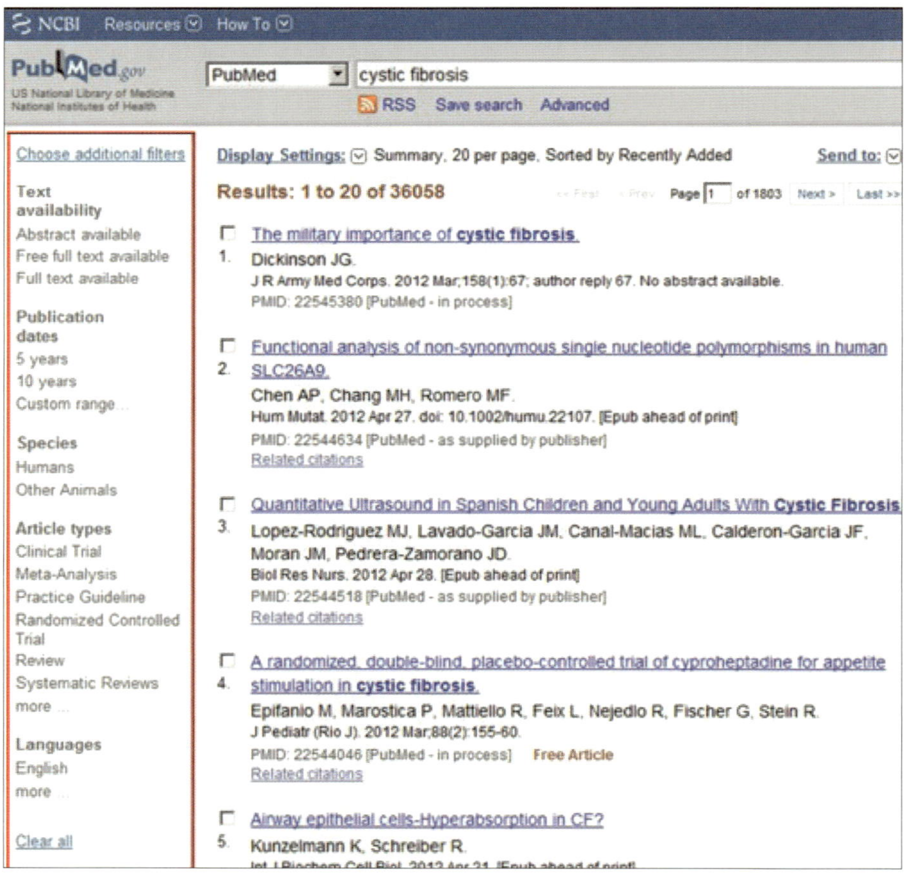

그림 2-2 Additional filter의 적용

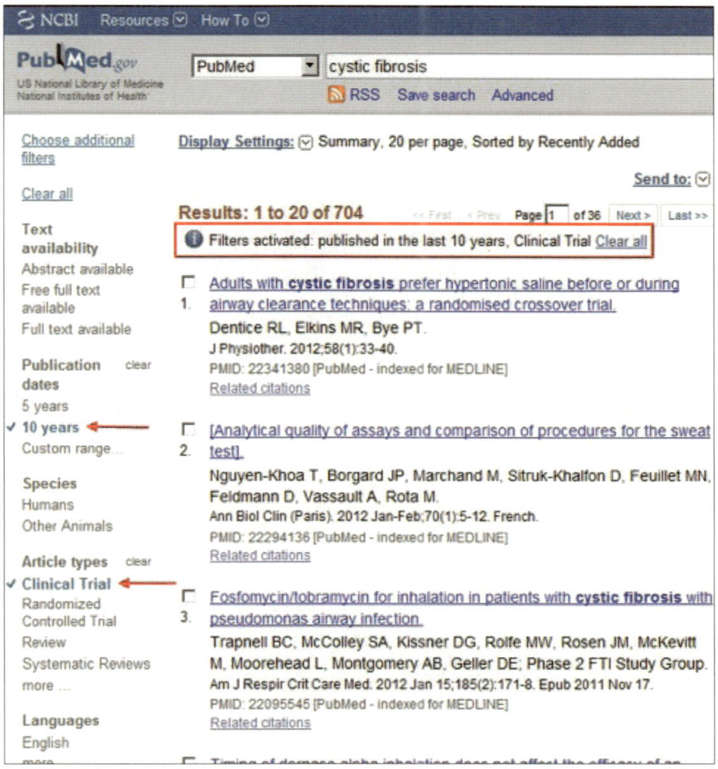

그림 2-3 Additional filter의 적용 예시 1

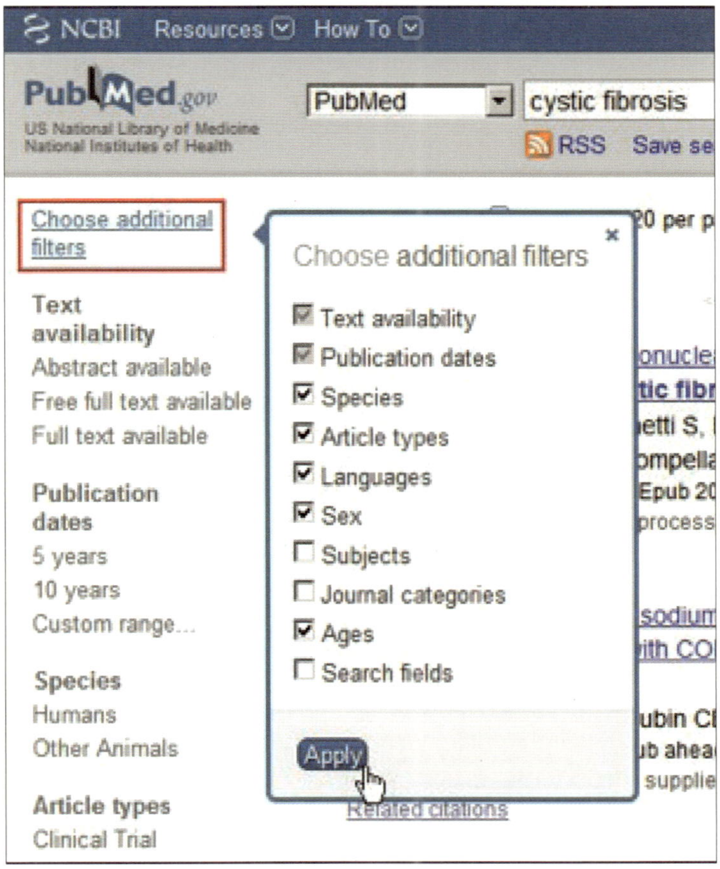

그림 2-4 Additional filter의 적용 예시 2

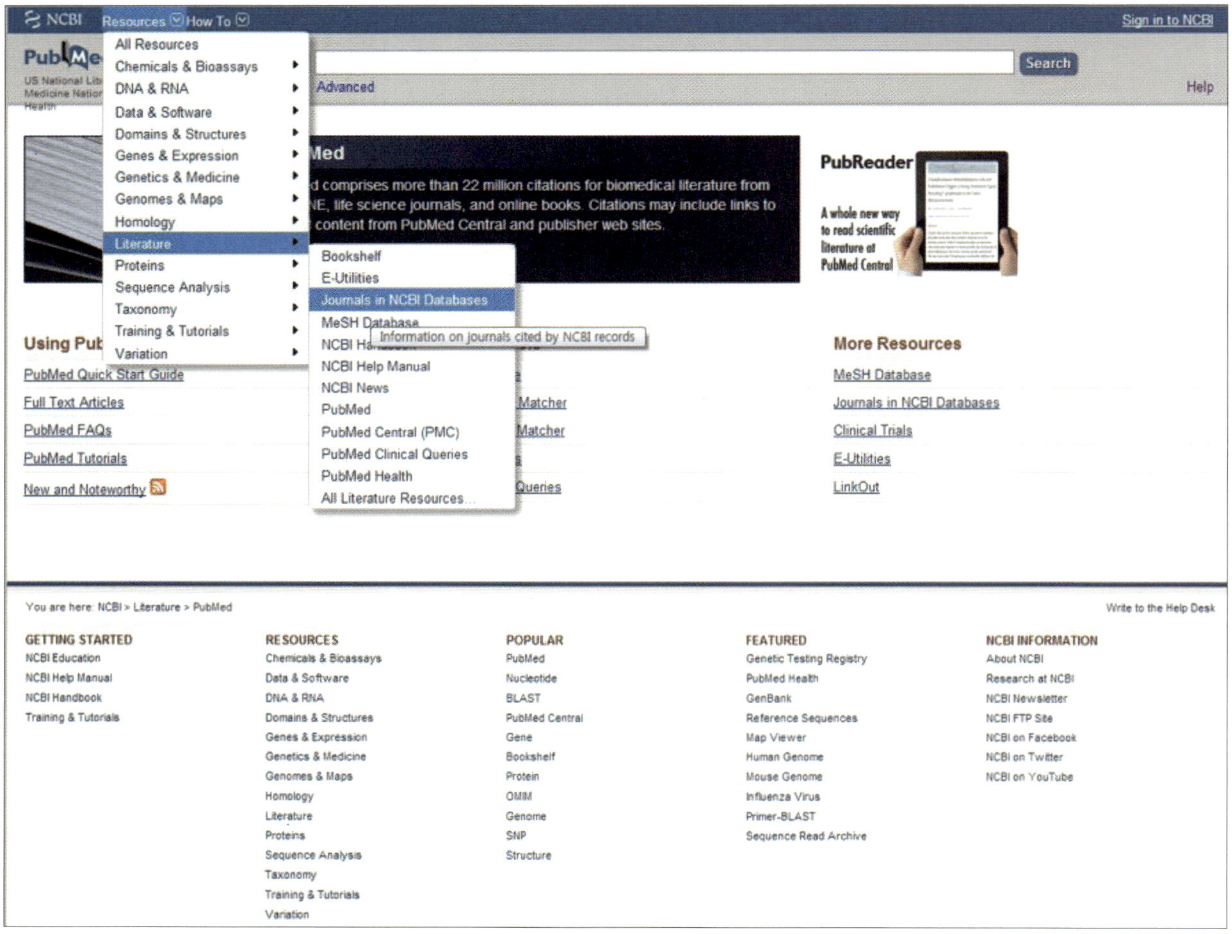

그림 2-5 특정한 저널에 수록된 논문 검색법

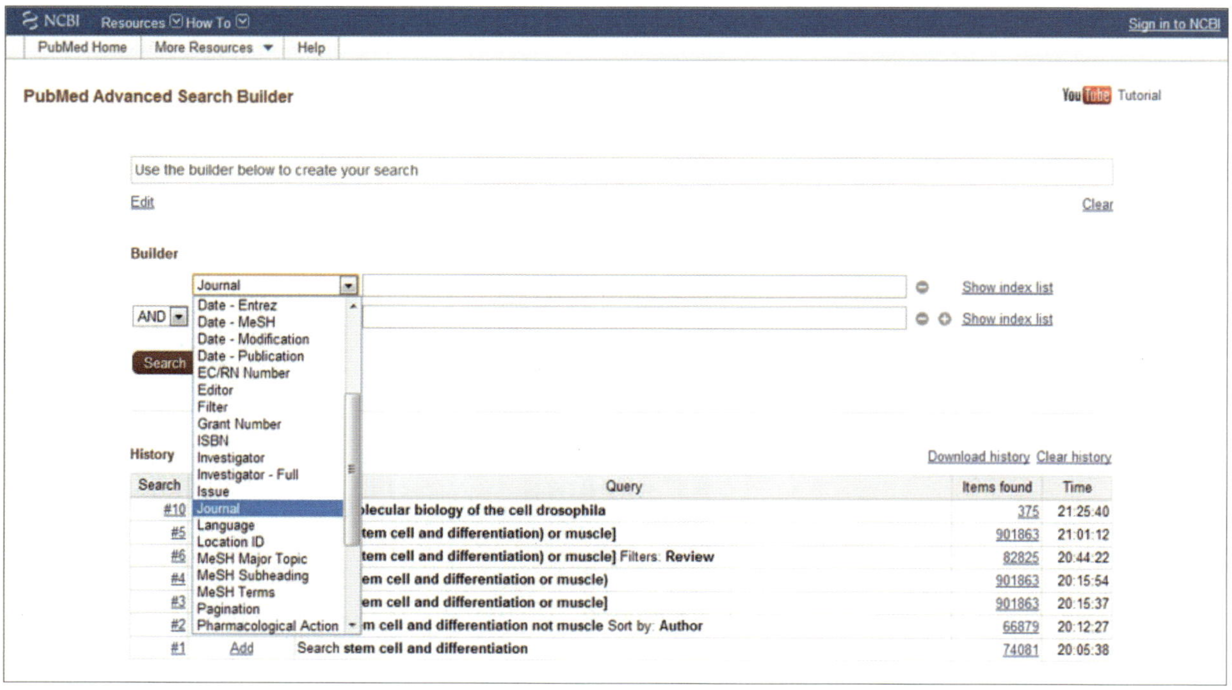

그림 2-6 Pubmed Advanced Search Builder 사용법

3. 모델 생물체(model organism)의 학술명

- 생물학 연구에 쓰이는 모델 생물체의 통상명과 학술명은 다음과 같다. 학술명을 알고 있으면 유전자나 RNA의 검색 결과를 빨리 찾는데 도움이 된다.
- 통상명(국문)-통상명(영어)-학술명(영어) 순으로 정리하였다.

① 분열 효모	Fission yeast	***Schizosaccharomyces pombe***	(그림 2-7)
② 초파리	Fly	***Drosophila melanogaster***	(그림 2-8)
③ 플라나리아	Flatworm	***Dugesia japonica***	(그림 2-9)
④ 꼬마선충	Roundworm	***Caenorhabditis elegans***	(그림 2-10)
⑤ 제브라피시	Zebrafish	***Brachydanio rerio***	(그림 2-11)
⑥ 개구리	Frog	***Xenopus laevis***	(그림 2-12)
⑦ 병아리	Chick	***Gallus gallus***	(그림 2-13)
⑧ 쥐	Mouse	***Mus musculus***	(그림 2-14)
⑨ 인간	Human	***Homo sapiens***	

그림 2-7 분열효모

그림 2-8 초파리

그림 2-9 플라나리아

그림 2-10 꼬마선충

그림 2-11 제브라피시

그림 2-12 개구리

그림 2-13 병아리

그림 2-14 쥐

4. 주염색체 DNA(genomic DNA) 염기 서열 정보

1) 웹사이트: 염색체에 위치한 유전자(gene) 정보를 검색하는 데 사용하는 주요 사이트이다. http://www.ncbi.nlm.nih.gov/gene

2) 검색창에 검색하고자 하는 전체 또는 일부의 유전자명 또는 단백질 이름을 입력한다. 특정 모델 생물체에서 검색하고자 할 때는 위에서 제시된 생물체의 학술명을 동시에 입력한다. 예를 들어 'alcohol dehydrogenase'를 검색하면 데이터베이스에 등록된 모든 생물체의 이와 관련된 정보가 검색된다(그림 2-15). 여기서 오른쪽의 **Top Organisms** 항목에서 해당 생물체의 관련 정보를 검색할 수도 있다. 그러나 보다 간편한 방법이 있다. 예를 들어 인간의 alcohol dehydrogenase를 검색할 경우 '*Homo sapiens* alcohol dehydrogenase'를 입력하여 검색하면 인간에서 해당 유전자가 검색된다.

3) '*Homo sapiens* alcohol dehydrogenase'를 입력하여 검색한 결과 중 첫 번째 항목인 **ADH1B alcohol dehydrogenase 1B**(class I), **beta polypeptide[*Homo sapiens*]**를 클릭하면 이 유전자에 대한 Full Report를 볼 수 있다(그림 2-16). 각 항목이 설명하는 바는 다음과 같다.

- **Summary**: Official symbol, Name, Nomenclature, Organism, 유전자 또는 단백질의 요약 설명을 나타낸다.
- **Genomic context**: 유전자가 위치하고 있는 염색체를 나타낸다.
- **Genomic region, Transcripts, Products**: 유전자의 intron/exon/coding region, RNA product(s) 또는 pseudogene에 대한 정보를 얻을 수 있다. DNA 염기 서열을 보려면 그림 2-16의 **GenBank**를 클릭하면 된다. 염색체로부터 특정 유전자를 클로닝하려면 GenBank에 있는 DNA 염기 서열을 이용한다. 또한 특정 유전자와 관련된 논문 정보와 mRNA 염기 서열, 아미노산 서열도 알 수 있다.
- **Bibliography: Related articles in Pubmed**에는 검색한 유전자와 관련된 논문이 최신순으로 정리되어 있다. **GeneRIFs**에는 검색한 유전자의 기능과 관련된 논문이 정리되어 있다.
- **Phenotypes**: 유전자가 표현형(phenotype)에 미치는 영향이 질병 위주로 정리 되어 있다.
- **General gene information: Markers**는 기존에 논문에 보고된 PCR용 primer가 정리되어 있다.
- **NCBI Reference Sequences**: 유전자 DNA 염기 서열, mRNA 염기 서열, 단백질의 아미노산 서열이 링크되어 있다.

4) 자세한 사용법은 다음 웹사이트의 매뉴얼을 참고한다.
http://www.ncbi.nlm.nih.gov/books/NBK3841/pdf/EntrezGene.pdf

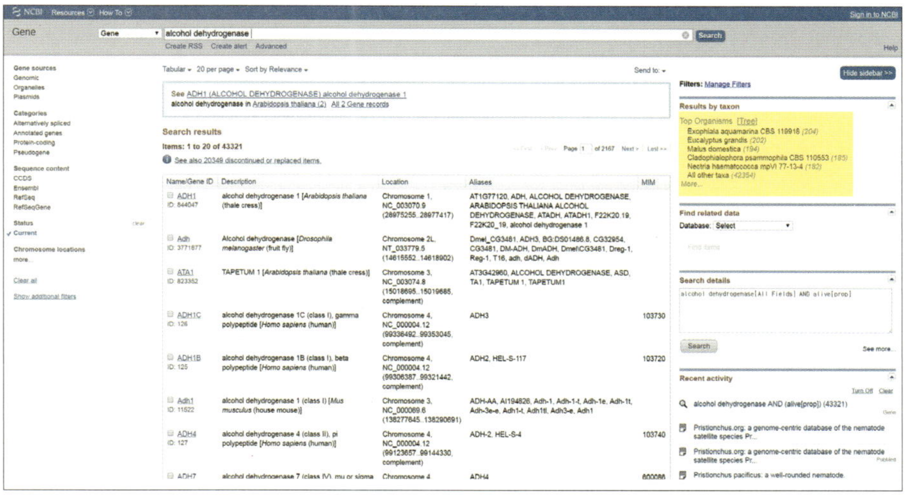

그림 2-15 Genomic DNA 서열 정보 검색: Alcohol dehydrogenase

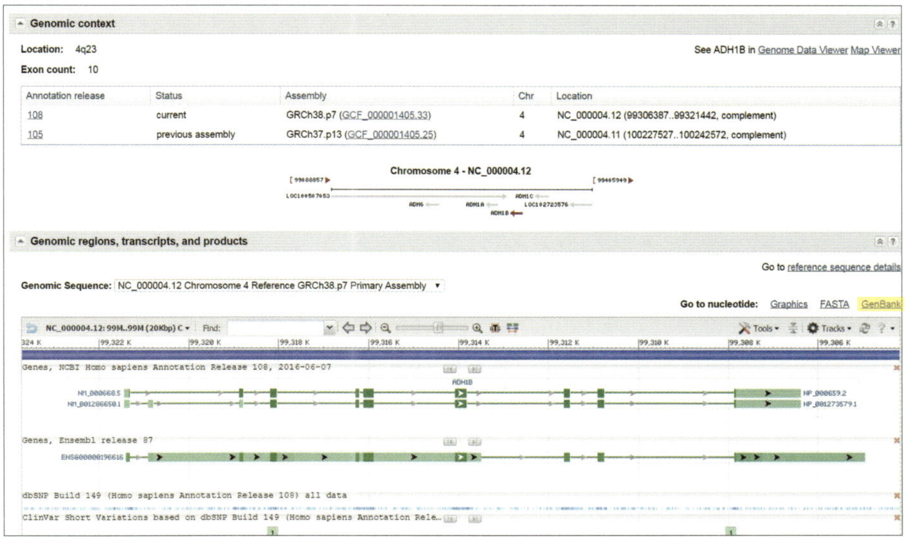

그림 2-16 Alcohol dehydrogenase Full Report

5. RNA 염기 서열 정보

1) 웹사이트: mRNA 정보를 검색하는 데 사용하는 주요 사이트이다.
http://www.ncbi.nlm.nih.gov/nuccore

2) 검색창에 검색하고자 하는 전체 또는 일부의 유전자명, 유전자 심벌 또는 단백질 이름을 입력한다. AND, OR, NOT의 연산자를 사용

할 수 있다. 특정 모델 생물체에서 검색하고자 할 때에는 위에서 제시된 생물체의 학술명을 동시에 입력한다. 예를 들어 'MyoD'를 검색하면 데이터베이스에 등록된 모든 생물체 중 이와 관련된 정보가 검색된다. 여기서 오른쪽의 **Top Organisms** 항목에서 해당 생물체 중 관련 정보를 검색할 수도 있다. 그러나 보다 간편한 방법으로, 인간의 MyoD를 검색할 경우 '*Homo sapiens* MyoD'를 입력하여 검색하면 인간의 MyoD와 연관성이 있는 mRNA가 검색된다. 각각의 염기 서열 데이터는 X56677.1, NC_000011.10 등의 NCBI Reference sequence(고유 번호) 등으로 결과 확인 및 검색이 가능하다.

3) 검색창에서 'Homo sapiens MyoD'를 입력한 결과 중에 세 번째 결과인 Homo sapiens myogenic differentiation 1 (MYOD1), mRNA를 클릭한다 (그림 2-18).

4) Homo sapiens myogenic differentiation 1 (MYOD1), mRNA에 관한 결과의 상단에는 염기 서열 길이, 분자 형태, 이와 관련된 Pubmed 논문, 그리고 오른쪽의 Run BLAST와 Pick Primers 등의 정보를 제공한다(그림 2-19). 하단에는 유전자, 엑손(exon), 단백질의 아미노산 서열이 정리되어 있다(그림 2-20). 최하단에는 mRNA 염기 서열이 정리되어 있다(그림 2-21).

5) 자세한 사용법은 다음 웹사이트의 매뉴얼을 참고한다.
http://www.ncbi.nlm.nih.gov/books/NBK44863/

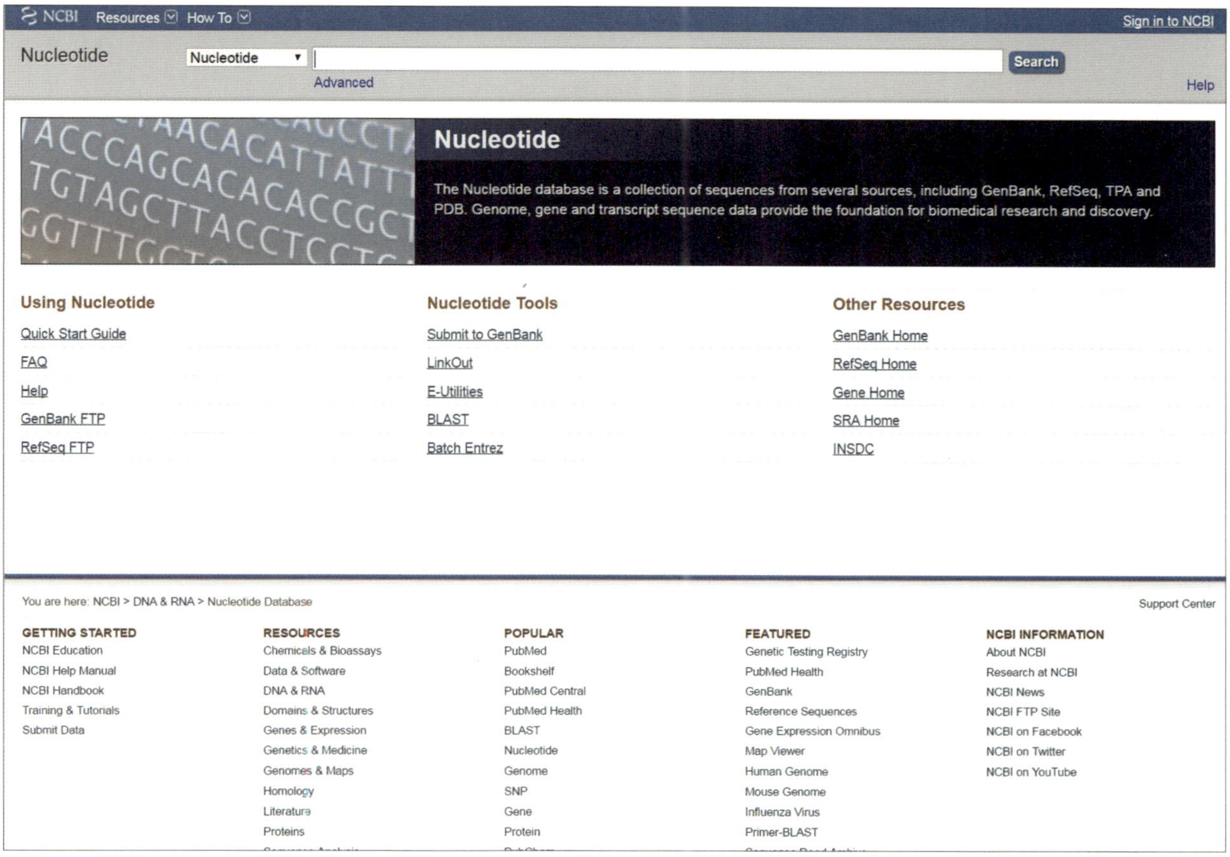

그림 2-17 RNA 서열 정보 검색: Limits 활용

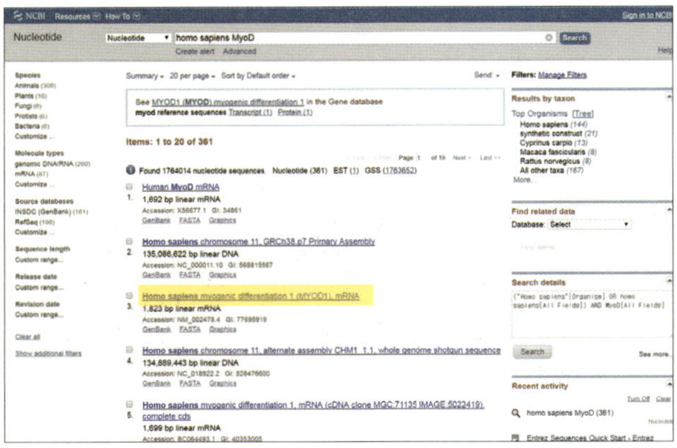

그림 2-18 *Homo sapiens* myogenic differentiation (MYOD 1), mRNA 선택

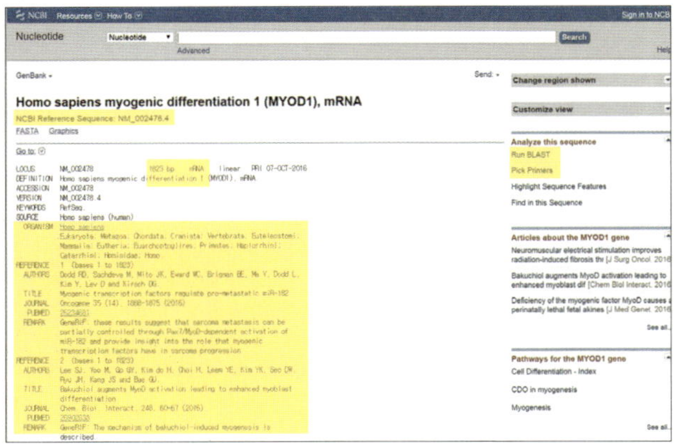

그림 2-19 *Homo sapiens* myogenic differentiation (MYOD 1), mRNA 정보 1

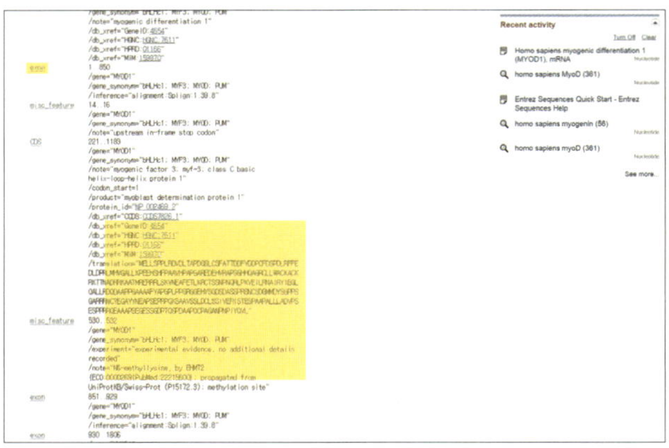

그림 2-20 *Homo sapiens* myogenic differentiation (MYOD 1), mRNA 정보 2

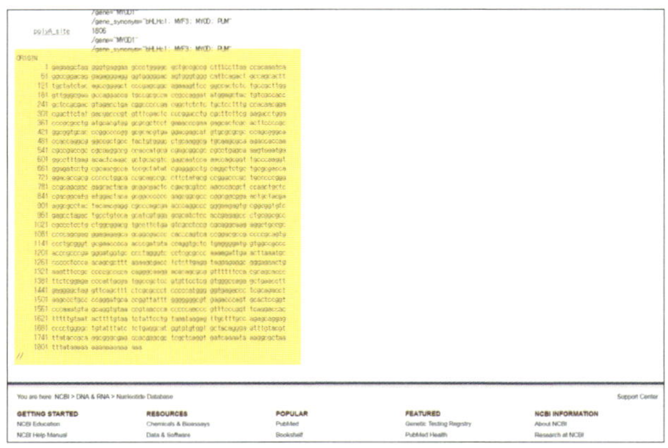

그림 2-21 *Homo sapiens* myogenic differentiation (MYOD 1), mRNA 정보 3

6. BLAST(Basic Local Alignment Search Tool)

1) 웹사이트: http://blast.ncbi.nlm.nih.gov/Blast.cgi

2) 동종 또는 이종 생물체의 Nucleotide 염기 서열 또는 단백질의 아미노산 서열을 비교하는 데 사용하는 주요 사이트이다. 서열의 유사성을 비교하여 새로 발견된 유전자의 서열을 통해 기능을 밝히거나 진화적 관계를 밝히는 데 사용한다. 최근 대부분 모델 생물체의 유전체(genome) 염기 서열이 밝혀짐에 따라 유전자의 위치와 기능, 조절 인자 등을 찾는 데에도 유용하게 사용된다.

3) BLAST의 많은 기능 중에 뉴클레오티드 염기 서열을 검사하는 방법에 대하여 알아보고자 한다. 위의 웹사이트에 접속하면 그림 2-22와 같이 NCBI BLAST 홈페이지에 연결된다. 그 중에 BLAST Assembled RefSeq Genomes는 특정 생물체 내의 서열을 비교·분석한다. Basic BLAST의 nucleotide blast는 모든 생물체의 서열을 비교·분석한다.

4) BLAST Assembled RefSeq Genomes(동일 생물체 내에 뉴클레오티드 염기 서열 검사법)

PCR용 프라이머(primer)를 제작하여 주염색체 DNA(genomic DNA) 또는 mRNA에서 특정 유전자를 클로닝하는 실험을 수행한다고 가정해 보자. 제작한 프라이머(primer)가 정확하게 원하는 타겟에만 결합(annealing)해야 하지만, 실제로 유사한 염기 서열을 가진 다른 주염색체 DNA(genomic DNA) 또는 mRNA가 존재할 경우에는 PCR 결과물이 여러 개 형성될 수 있다. 따라서 PCR 프라이머(primer) 제작 시에 프라이머(primer)의 효율을 검증하는 데 유용하게 사용된다. 특정 생물종을 선택하면 그림 2-23과 같이 검색창에 특정 DNA 염기 서열을 입력하고, 아래에 **BLAST**를 클릭한다. 그 결과는 **Graphic Summary**(그림 2-25)로 나타나는데, 빨간색으로 나타난 결과가 염기 서열의 유사성이 높은 결과이며 아래로 내려올수록 유사성이 낮은 결과이다. 그 아래에 **Description**에 유사성 수치가 퍼센트로 표시되며 해당하는 유전자가 정리된다. E value는 통계적 유의성을 나타내는데, 낮을수록 높은 유사성을 의미한다.

5) Nucleotide blast

Nucleotide blast는 모든 생물종을 대상으로 염기 서열을 비교하는 것이다. 예를 들어 흙에서 분리한 미생물을 가지고 종판별을 위하여 18s ribosome RNA의 DNA 서열을 클로닝하였다고 가정한다. 이 염기 서열을 nucleotide blast에 넣어 검색하면 유사성을 가진 생물종 판별이 가능할 것이다. 자세한 사용법과 결과 해석은 위의 **BLAST Assembled RefSeq Genomes**와 유사하다.

6) 자세한 사용법은 다음 웹사이트의 매뉴얼을 참고한다.

http://www.ncbi.nlm.nih.gov/books/NBK21097/pdf/ch16.pdf

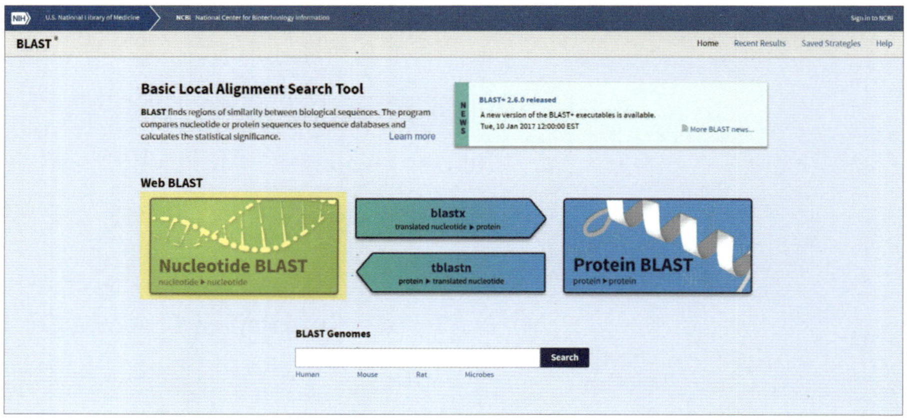

그림 2-22 BLAST 홈페이지

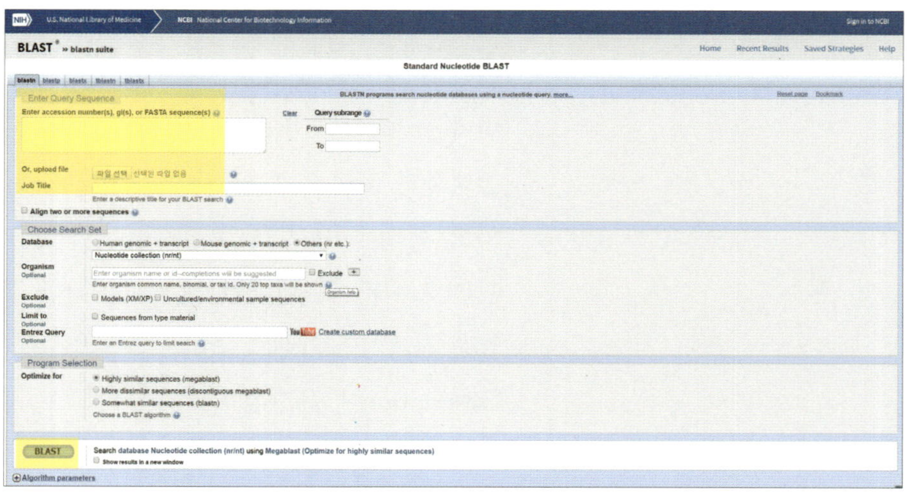

그림 2-23 DNA 또는 RNA 서열 입력 및 BLAST

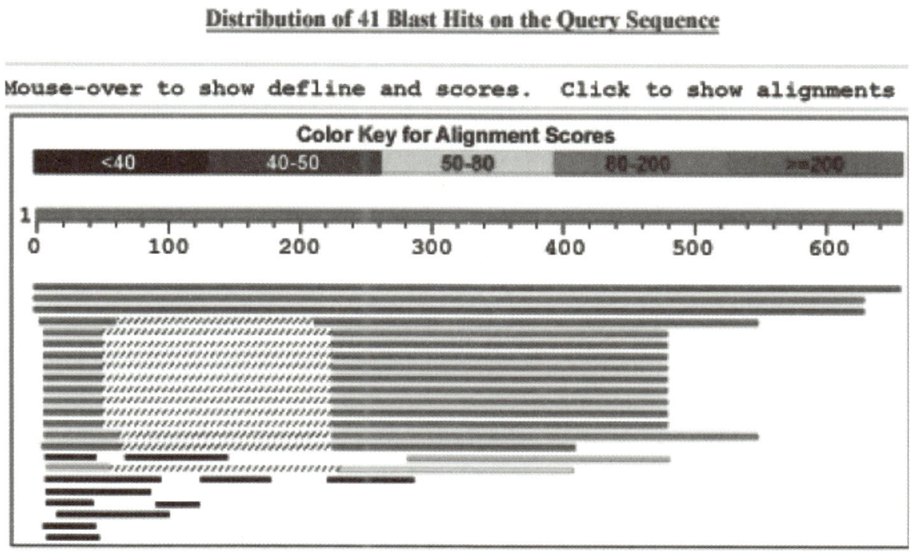

그림 2-24 BLAST 결과(Graphic Summary)

7. Blast for sequence alignment

1) 웹사이트: http://blast.ncbi.nlm.nih.gov/
아래쪽 Specialized BLAST 디렉토리에서 Align two(or more) sequences using BLAST(lb2seq)를 선택한다.

2) 두 개 이상의 특정 뉴클레오티드(nucleotide) 염기 서열의 공통 부분과 다른 부분을 비교할 때 사용한다.

3) Enter Query Sequence에 실험적으로 얻은 데이터 또는 비교하고자 하는 서열을 입력하고 Enter Subject Sequence에 비교 대상의 서열을 입력한다. 서열 외에도 NCBI Reference Sequence ID 번호를 입력해도 된다. 입력 후 Program Selection에서 하나의 옵션을 선택한다. 일반적으로 blast를 선택하고 BLAST를 클릭하면 두 서열 간의 유사도를 비교·분석할 수 있다.

8. Software

1) NCBI 웹사이트에서 사용 목적에 따라 다양한 생물정보학 소프트웨어를 다운로드하여 사용할 수 있다.
http://www.ncbi.nlm.nih.gov/guide/howto/dwn-software/

2) SnapG ene Viewer을무료로 사용 가능하다. Primer 제작, 벡터맵 제작 등에 매우 유용한 프로그램이다.
https://www.snapgene.com/snapgene-viewer

참고하면 좋을 자료

https://www.youtube.com/playlist?list=PLwFWzedlyUF7RoLWfSYeR3c_RLoLbghBA
Pubmed를 이용하여 논문을 검색하는 방법을 동영상으로 상세하게 설명한다.

http://www.ncbi.nlm.nih.gov/books/NBK21101/
NCBI의 분야별 자세한 사용법은 전자북으로 위의 웹사이트에서 다운로드하여 사용할 수 있다.

2. 프라이머 제작(Primer design)

PCR 실험을 위하여 효율적인 프라이머(primer) 제작 방법을 알아보도록 한다.

1. PCR 반응

- PCR을 수행하기 위한 재료는 복제 목적의 DNA 절편, 한 쌍의 프라이머(primer), *Taq* 중합효소(*Taq* polymerase: 고온내열성 효소로 고온 환경에서 서식하는 *Thermus aquaticus*에서 분리, 정제됨), Mg^{2+}, 각 염기의 단위체(monomer: dNTP)가 시험관 내에 혼합되어야 한다. 그리고 온도를 자동으로 설정하여 시험관을 수행할 유전자 증폭기(thermal cycler 또는 PCR machine)가 필요하다. PCR의 수행 과정은 3단계 과정(Denaturation, Hybridization/Annealing, Extension)의 온도 변화가 1 cycle을 구성한다. 이론적으로 1 cycle을 반복하면 복제대상의 DNA의 양은 두 배가 된다. PCR의 3단계 과정을 자세하게 살펴보면 다음과 같다(그림 2-25).

1) 열변성(Denaturation) 과정

복제 목적의 이중나선 구조의 DNA 절편이 단일가닥으로 열변성(denaturation)하게 된다. DNA의 이중나선 구조는 양 가닥의 염기(base)가 수소결합에 의하여 상보적 결합을 형성하고 있다. 이러한 수소결합이 고온에서 모두 분해되어 단일가닥 DNA(single-strand DNA)가 된다. 92~95°C에서 약 1분간 가열하면 DNA는 이중가닥에서 단일가닥으로 열변성된다. 복제 목적의 DNA절편은 다양한 재료로부터 추출할 수 있다. 예를 들어 주염색체 외에도 미라의 잔해, 머리카락, 혈흔, 타액 등을 DNA 복제용으로 사용할 수 있다.

2) 결합(Hybridization/Annealing) 과정

온도가 45~65°C로 내려가면 고온에서 열변성된 단일가닥 DNA 절편에 프라이머(primer)가 부착된다. 이러한 현상을 결합(hybridization 또는 annealing)이라고 한다. P 프라이머(primer)는 *Taq* 중합효소(*Taq* polymerase)가 DNA를 합성하는 시작점이다. 프라이머(primer)의 길이, 프라이머(primer)의 GC 함량(GC 함량이 높을수록 고온에서 안정화됨), 상보적 결합을 하지 않는 염기의 숫자에 따라 결합(annealing) 온도가 달라진다.

3) 신장(Extension)

이 반응은 65~75°C 사이에서 일어나며, 프라이머(primer)를 시작점으로 하여, *Taq* 중합효소(*Taq* polymerase)가 새로운 DNA 가닥을 합성해 나가는 과정이다. 프라이머(primer)를 시작점으로 하여 DNA 절편에 상보적인 염기의 단위체를 5'→3' 방향으로 합성해 나간다.

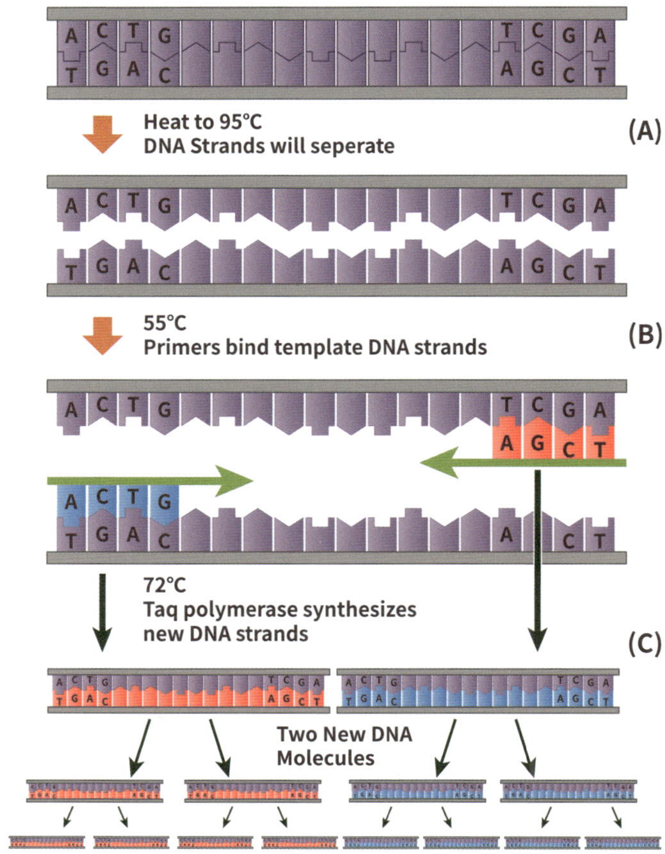

그림 2-25 PCR 단계별 반응 과정

2. 프라이머(primer)에 일반적인 권장사항

- 녹는점(melting temperature: Tm)이 55~65°C 사이에 있어야 한다. 20-mer의 프라이머(primer)가 G+C의 함량이 45~55% 일 때의 녹는점이 이와 유사하다.

- 한 쌍의 프라이머(primer)가 이합체(dimer)를 형성하지 말아야 한다.
- 프라이머(primer) 자체에 헤어핀(hairpin) 구조를 형성하지 말아야 한다.
- DNA 절편에 오직 하나의 프라이머(primer) 결합 부위가 존재해야 한다.
- 3' end에 결합하는 능력이 낮아야 한다.
- 프라이머(primer) 길이는 일반적으로 20~24bp가 잘 작동한다.

3. 녹는점(Melting Temperature: Tm)

1) 프라이머(primer) Tm의 계산법은 다음과 같다.

Tm(°C) = 81.5 + 0.41(%GC) - (675/N)
%GC: 프라이머(primer) 중 GC의 퍼센트 함량
N: 프라이머(primer)의 nucleotide 숫자

2) 예를 들어 다음 프라이머(primer)의 Tm을 계산하면 다음과 같다.
프라이머(primer): 5'-TTAAAATGATAACCATCTCGC-3'
Tm = 81.5 + 0.41(%GC) - (675/N)
= 81.5 + 0.41(33.3) - (675/21)
= 81.5 + 13.7 - 32.1 (소수점 첫째 자리 반올림)
= 63.1°C

3) 결합(annealing) 온도(Ta)는 프라이머(primer)의 Tm값보다 5°C 낮게 설정한다. 예를 들어 위의 예에서 결합(annealing) 온도는 63.1-5 = 58.1°C로 설정한다. 보다 정확한 계산이 필요하면 다음 식을 이용한다.

Ta = 0.3 × (프라이머(primer)의 Tm) + 0.7 × (결과물의 Tm) - 25
프라이머(primer)의 Tm: 프라이머(primer)의 녹는점(melting temperature)
결과물의 Tm: PCR 결과물의 녹는점(melting temperature)

4) 다음에 학습할 프라이머 설계 소프트웨어(primer design software)를 활용하여 쉽게 계산할 수 있다.

4. 프라이머 설계 소프트웨어(Primer Design software) 활용

- 위와 같이 손으로 직접 프라이머(primer)를 제작하는 과정은 시간이 무척 많이 소모되는 방법이다. 따라서 여러 개의 프라이머(primer)를 제작하는 데에는 비효율적이다. 최근에는 온라인 자료 및 무료 소프트웨어가 다양하게 제공되고 있다. IDT(Integrated DNA Technology) 온라인 웹사이트를 이용하여 PCR용 프라이머(primer)를 제작하는 방법을 알아보도록 한다.

1) PCR로 증폭해야 하는 DNA template를 Pubmed에서 찾는다. 주염색체(genomic DNA) 또는 mRNA 서열을 앞의 'PART 2, 1. 유전자 염기서열정보'에서 학습한 바와 같이 검색하여 찾을 수 있다(그림 2-26).

2) IDT PrimerQuest 홈페이지로 이동한다.
https://eu.idtdna.com/PrimerQuest/Home/Index
앞에서 찾은 서열을 블록 설정, 복사하여 Sequence Entry 검색창에 입력한다(그림 2-27).

3) Choose Your Design 하단에서는 네 가지 실험 방법에 맞는 프라이머(primer)를 선택할 수 있다.

- **PCR 2 Primers:** 일반적인 PCR 실험법이다.
- **qPCR 2 Primers + Probe:** taqman probe를 이용한 real-time PCR 실험법이다(참고 자료).
- **qPCR 2 Primers + Intercalating Dyes:** SYBR Green 등을 이용한 real-time PCR 실험법이다(참고 자료).
- **Show Custom Design Parameters:** PCR 실험의 파라미터를 설정하여 입력하는 부분이다. 이 부분이 가장 중요한데 PCR에 사용되는 프라이머(primer)의 Tm, PCR 반응 조건, PCR 산물의 포함 부위 등을 설정할 수 있다. 특히 PCR 실험 목적이 유전자의 발현 부위(coding region)를 클로닝하는 것이라면 개시 부위(start codon: ATG로 시작)에서 종결 부위(stop codon: TAA, TAG, TGA 중의 한 가지)가 반드시 포함되도록 프라이머(primer)를 제작해야 한다.

4) mRNA 또는 DNA 서열을 입력하고, 원하는 PCR 실험의 파라미터를 입력한 후 프라이머(primer)를 만들면 PCR에 최적화된 프라이머(primer)를 자동으로 계산하여 나타낸다(그림 2-28). 위에 나타나 있는 녹색 막대기(붉은 화살표)가 해당 프라이머(primer)를 사용했을 때, 증폭되는 유전자의 영역을 나타낸다. 또한 프라이머(primer)의 시작점과 종결점, 길이, Tm, GC 함량에 대한 정보를 나타낸다.

5) 여기서 중요한 점은 프라이머(primer)의 **Forward** 또는 **Reverse**에 마우스를 올리면, **Hairpin**, **Blast** 아이콘이 나타난다는 점이다. **Hairpin** 정보는 프라이머(primer)가 자체적으로 상보적 결합을 형성할 가능성을 체크해 주며, **Blast**를 클릭하면 **Pubmed**의 **Blast**와 연동되어 프라이머(primer) 서열을 함유하고 있는 유전자의 정보를 검색할 수 있다.

6) cDNA에서 특정 유전자의 발현 부위(coding region)를 클로닝한다면 동일한 생물종 내에 프라이머(primer)가 부착하는 다른 유전자가 있는지를 Blast로 반드시 확인해야 한다.

```
                     /db_xref="UniSTS:74743"
ORIGIN
        1 ctcggtcttt aaaaggaaga aggggcttat cgttaagtcg cttgtgatct tttcagtttc
       61 tccagctgct ggctttttgg acacccactc ccccgccagg aggcagttgc aagcgcggag
      121 gctgcgagaa ataactgcct cttgaaactt gcagggcgaa gagcaggcgg cgagcgctgg
      181 gccggggagg gaccacccga gctgcgacgg gctctggggc tgcggggcag ggctggcgcc
      241 cggagcctga gctgcaggag gtgcgctcgc tttcctcaac aggtggcggc ggggcgcgcg
      301 ccgggagacc cccccctaatg cgggaaaagc acgtgtccgc attttagaga aggcaaggcc
      361 ggtgtgttta tctgcaagcc attatacttg cccacgaatc tttgagaaca ttataatgac
      421 ctttgtgcct cttcttgcaa ggtgttttct cagctgttat ctcaagacat ggatataaaa
      481 aactcaccat ctagccttaa ttctccttcc tcctacaact gcagtcaatc catcttaccc
      541 ctggagcacg gctccatata catacttcc tcctatgtag acagccacca tgaatatcca
      601 gccatgacat tctatagccc tgctgtgatg aattacagca ttcccagcaa tgtcactaac
      661 ttggaaggtg ggcctggtcg gcagaccaca agcccaaatg tgttgtggcc aacacctggg
      721 cacctttctc ctttagtggt ccatcgccag ttatcacatc tgtatgcgga acctcaaaag
      781 agtccctggt gtgaagcaag atcgctagaa cacaccttac ctgtaaacag agagacactg
      841 aaaaggaagg ttagtgggaa ccgttgcgcc agccctgtta ctggtccagg ttcaaagagg
      901 gatgctcact tctgcgctgt ctgcagcgat tacgcatcgg gatatcacta tggagtctgg
      961 tcgtgtgaag gatgtaaggc ctttttaaa agaagcattc aaggacataa tgattatatt
     1021 tgtccagcta caaatcagtg tacaatcgat aaaaaccggc gcaagagctg ccaggcctgc
     1081 cgacttcgga agtgttacga agtgggaatg gtgaagtgtg gctcccggag agagagatgt
     1141 gggtaccgcc ttgtgcggag acagagaagt gccgacgagc agctgcactg tgccggcaag
     1201 gccaagagaa gtggcggcca cgcgccccga gtgcgggagc tgctgctgga cgccctgagc
     1261 cccgagcagc tagtgctcac cctcctggag gctgagccgc cccatgtgct gatcagccgc
     1321 cccagtgcgc ccttcaccga ggcctccatg atgatgtccc tgaccaagtt ggccgacaag
     1381 gagttggtac acatgatcag ctgggccaag aagattcccg gctttgtgga gctcagcctg
     1441 ttcgaccaag tgcggctctt ggagagctgt tggatggagg tgttaatgat ggggctgatg
     1501 tggcgctcaa ttgaccaccc cggcaagctc atctttgctc cagatcttgt tctggacagg
     1561 gatgagggga aatgcgtaga aggaattctg gaaatctttg acatgctcct ggcaactact
     1621 tcaaggtttc gagagttaaa actccaacac aaagaatatc tctgtgtcaa ggccatgatc
     1681 ctgctcaatt ccagtatgta ccctctggtc acagcgaccc aggatgctga cagcagccgg
     1741 aagctggctc acttgctgaa cgccgtgacc gatgctttgg tttgggtgat tgccaagagc
     1801 ggcatctcct cccagcagca atccatgcgc ctggctaacc tcctgatgct cctgtcccac
     1861 gtcaggcatg cgagtaacaa gggcatggaa catctgctca acatgaagtg caaaaatgtg
     1921 gtcccagtgt atgacctgct gctggagatg ctgaatgccc acgtgcttcg cgggtgcaag
     1981 tcctccatca cggggtccga gtgcagcccg gcagaggaca gtaaaagcaa agagggctcc
     2041 cagaacccac agtctcagtg acgcctggcc ctgaggtgaa ctggcccaca gaggtcacag
     2101 gctgaagcgt gaactccagt gtgtcaggag cctgggcttc atctttctgc tgtgtggtcc
     2161 ctcatttgg
//
```

그림 2-26 Pubmed 검색을 통한 DNA 또는 RNA 서열

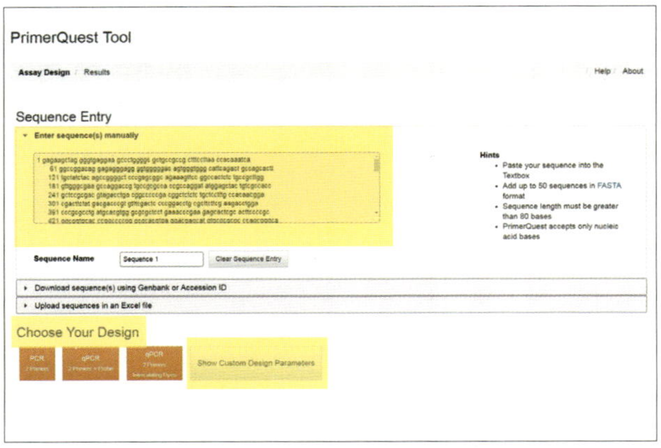

그림 2-27 IDT PrimerQuest 홈페이지 및 입력창

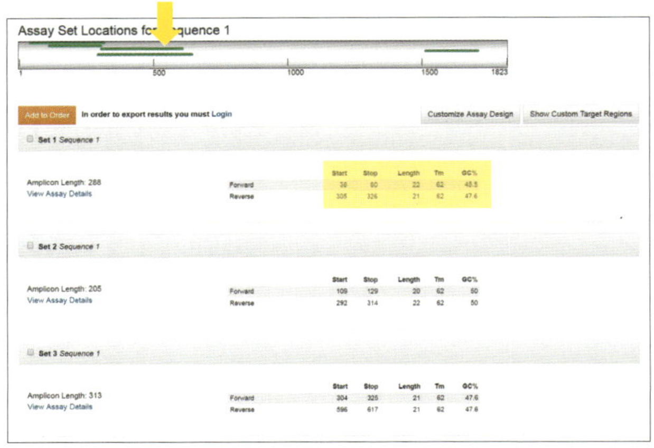

그림 2-28 IDT PrimerQuest를 이용한 프라이머(primer) 제작 결과

참고하면 좋을 자료

https://www.youtube.com/watch?v=hfDpV9oNb9A

IDT PrimerQuest 사용법 동영상이다. 웹사이트에서 프라이머(primer)를 제작하는 방법을 단계별로 설명하고 있다.

http://learn.genetics.utah.edu/content/labs/pcr/

PCR 버추얼 랩(virtual lab)으로 PCR을 가상 환경에서 실험해 볼 수 있는 웹사이트이다.

https://www.youtube.com/watch?v=QWxRjZpl4ol

Real-time PCR을 처음 접하는 실험자를 위한 기본 원리 및 실험 방법을 설명한다.

MEMO

MEMO

MEMO

MEMO

PART 3

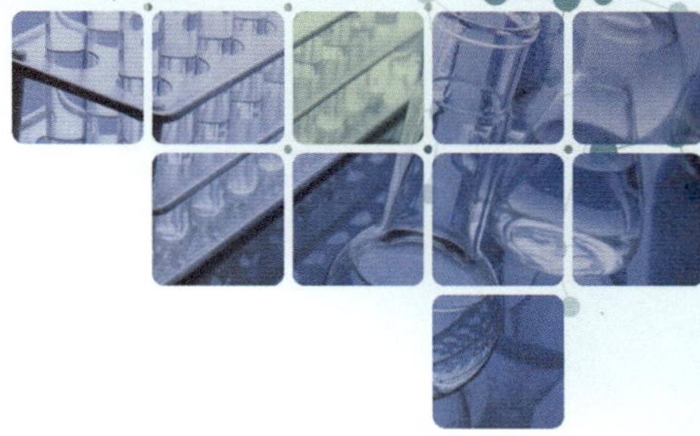

분자클로닝

Molecular Cloning

1. DNA, RNA 추출 및 cDNA 합성 (DNA, RNA extraction & cDNA synthesis)

- 핵산(nucleic acid)은 생명체 내에서 유전정보를 저장, 전달, 발현하는 중요한 분자이다. 핵산 중 두 가지가 핵심적인 유전 물질의 기능을 하는데, DNA(deoxynucleic acid)와 RNA(ribonucleic acid)가 그것이다. 화학적으로 핵산은 뉴클레오티드(nucleotide)라는 단위체(monomer)가 공유결합으로 연결된 중합체(polymer)이다. 뉴클레오티드는 세 개의 화학적 그룹으로 구성되어 있다.

    ① 질소(N)를 함유하고 있는 퓨린(purine) 또는 피리미딘(pyrimidine) 염기(base)
    ② 5탄당(aldopentose)인 ß-D-ribose와 ß-D-2-Deoxyribose
    ③ 한 개 또는 두 개, 또는 세 개의 인산염(phosphate) 그룹(그림 3-1)

- DNA의 염기는 퓨린 염기인 아데닌(adenine: A), 구아닌(guanine: G)과 피리미딘 염기인 티민(thymine: T), 시토신(cytosine: C)으로 구성된다.
- RNA의 염기는 티민(T) 대신에 우라실(uracil: U)이 존재한다(그림 3-2).
- DNA를 구성하는 5탄당은 2번 탄소에 산소(O)가 존재하지 않는 ß-D-2-Deoxyribose이다(그림 3-3).
- 생명체에 존재하는 DNA와 RNA는 단위체인 뉴클레오티드가 3', 5'-인산디에스테르 결합(3',

5'-phosphodiester bond)에 의하여 중합체를 형성한다(그림 3-4). 합성시에 새로운 뉴클레오티드는 5'→3' 방향으로 첨가된다.

- DNA는 염기간의 상보적 결합(A : T, G : C)에 의하여 이중나선(double helix) 구조를 형성한다. 염기간의 상보적 결합은 수소결합으로 이중나선 구조를 유지하는 데 기여한다. 또한 층층이 쌓인 염기간의 hydrophobic interaction과 van der Waals force도 이중나선 구조를 유지하는 데 기여한다.
- RNA는 rRNA(ribosomal RNA: 단백질 합성 기능), mRNA(messenger RNA: 전사 기능), tRNA(transfer RNA: 번역에 관여)의 세 가지 종류로 구성된다.

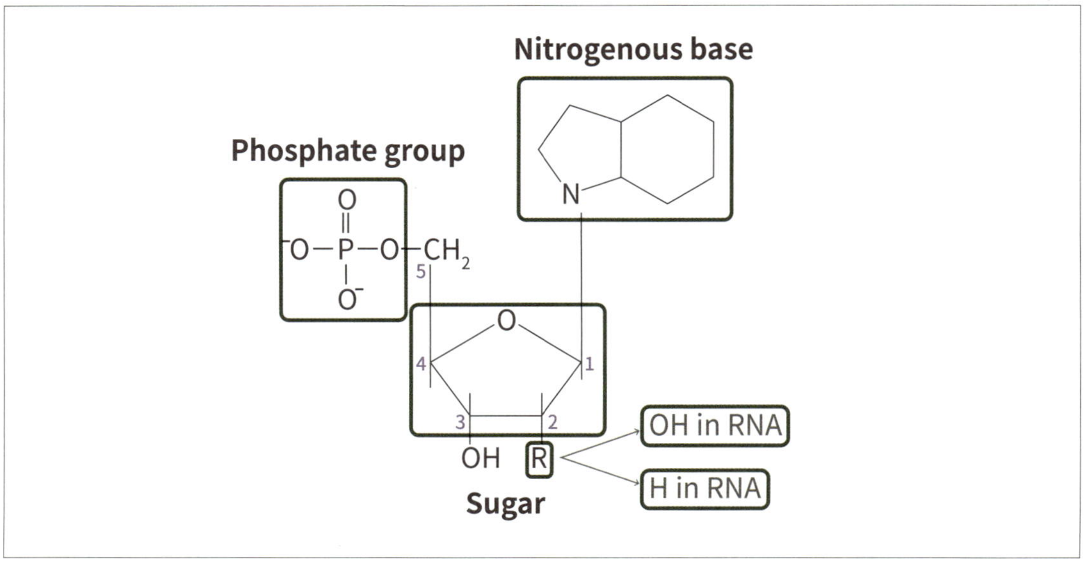

그림 3-1 뉴클레오티드의 구조

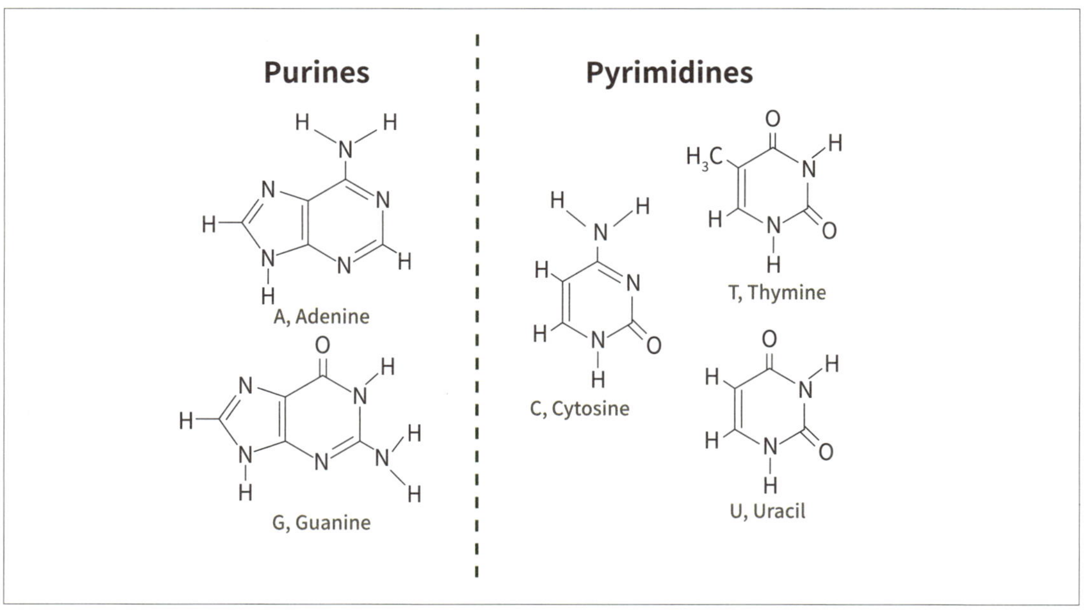

그림 3-2 퓨린(purine)과 피리미딘(pyrimidine) 염기

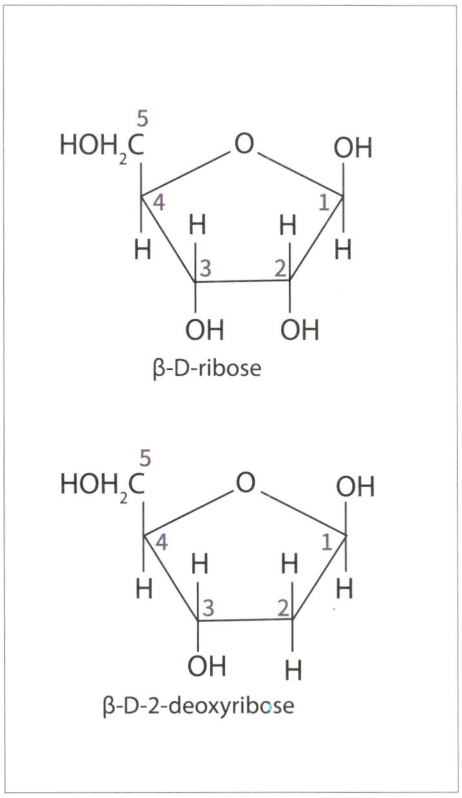

그림 3-3 DNA와 RNA를 구성하는 5탄당

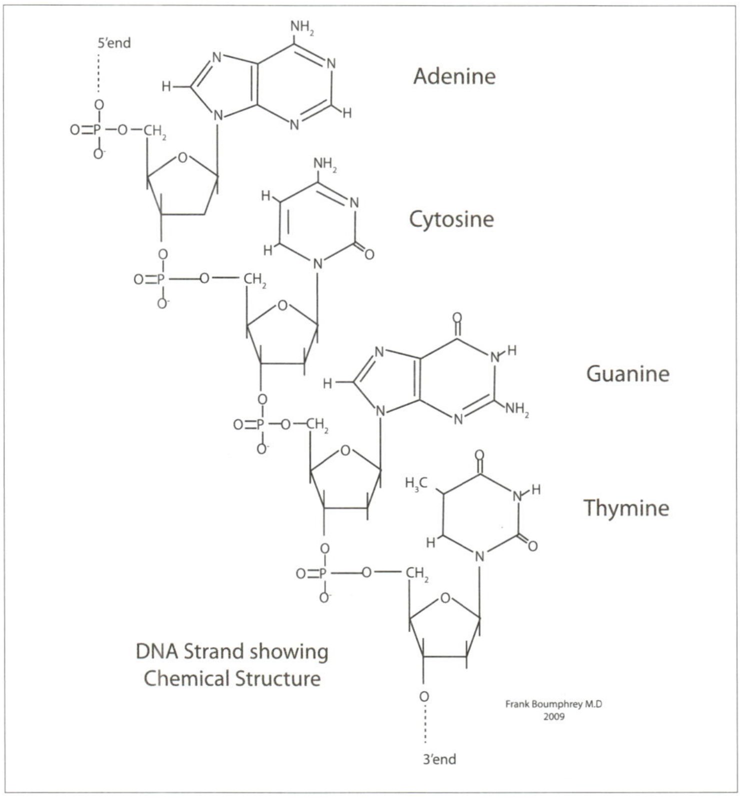

그림 3-4 Polymer structure of DNA

1. 주 염색체 DNA(Chromosomal DNA 또는 Genomic DNA) 추출

- 세포의 주 염색체 DNA는 매우 크고 잘 부서지는 특성을 가지고 있어서, 손상 없이 완벽하게 추출하기가 매우 어렵다. DNA 추출하는 기술을 이용하여 생물학적으로 활성을 가진 DNA를 분리해도 이것이 완벽하게 손상 없는 DNA를 분리했다는 의미는 아니다. DNA 추출 방법은 RNA와 단백질 함량이 상대적으로 최소화된 상태의 DNA를 얻는 실험 방법이다. DNA를 추출하는 실험 방법은 DNA 이중나선 구조의 화학적 안정성과 세포 내 환경을 고려하여 설계되어야 한다. 다음과 같은 DNA 구조적 측면에 다양한 영향을 미치는 실험적 요소를 고려해야 한다.

1) pH

- 이중나선 구조를 형성하는 상보적 수소결합은 pH 4~10에서 안정

하다.

- 당과 인산을 연결하는 3', 5'-인산디에스테르 결합은 pH 3~12에서 안정하다.
- 당과 퓨린염기(아데닌, 구아닌)를 연결하는 *N*-글리코시드 결합(*N*-glycosidic bond)은 pH 3 이하에서 안정하다.

2) 온도

- DNA 이중나선을 유지하는 수소결합의 안정성에 온도는 다양하게 영향을 미친다. 대개 80~90°C 이상에서 대부분의 DNA는 풀려 버린다.
- 3', 5'-인산디에스테르 결합과 *N*-글리코시드 결합(*N*-glycosidic bond)은 100°C 이상에서도 안정하다.

3) 이온강도(ionic strength)

- DNA는 염용액(salt solution)에서 매우 안정적이며 수용성이다. 0.05M 이하 농도의 염용액에서 염기간의 상보적 수소결합은 약화된다.

4) 세포 내 환경

- DNA를 추출하려면 세포벽 또는 세포막을 분해하여야 한다. 세포벽을 분해하는 용이성은 생물체마다 다르다. 예를 들어 효모의 경우 광범위한 그라인딩과 초음파 처리가 요구되지만, *Bacillus subtilis*와 같은 미생물의 경우는 효소로 간단하게 처리하면 된다.
- 세포 내에 존재하는 몇몇 효소는 DNA를 분해할 수도 있는데 분해로 인한 손상 중 가장 심각한 DNA 손상은 DNA 분해효소(deoxyribonuclease: DNase)에 의하여 발생한다. 이 효소는 3', 5'- 인산디에스테르 결합을 가수분해한다.
- 세포 내 자연상태의 DNA는 히스톤 단백질 등과 결합하고 있다. DNA 추출과정에서 이러한 히스톤 단백질과 같은 DNA 결합 단백질은 모두 제거되어야 한다.

5) 기계적인 스트레스(mechanical stress)

- DNA를 추출하는 과정에서 그라인딩, 교반, 섞기 등의 실험 단계가 포함되며 이는 DNA를 절편으로 조각낼 수 있다. 이러한 기계적인 스트레스는 DNA의 이중나선 구조에는 손상을 주지 않지만 분자의 길

이를 짧게 만들 수 있다.

6) DNA를 추출하는 일반적인 과정은 세포벽의 분해 및 DNA의 용해, 단백질-DNA 결합 분리, DNA 분리 정제의 3단계 과정을 포함한다.

- 세포벽의 분해 및 DNA의 용해: 세포벽을 분해하는 데에는 주로 리소자임(lysozyme) 효소가 이용된다. 리소자임(lysozyme)은 세포벽의 펩티도글리칸(peptidoglycan)의 글리코시드 결합(glycosidic bond)을 분해하여 DNA와 세포 내 분자가 용액으로 흘러나오도록 한다. 이때 완충액(buffer)은 EDTA를 함유하고 있다. EDTA는 Ca^{2+}, Mg^{2+}, Mn^{2+} 등의 금속 이온을 제거하고 DNA 분해효소(DNase)의 활성을 저해한다.
  또한 약염기(pH 8) 상태를 제공하여 DNA와 히스톤 단백질 간의 결합을 감소시킨다. RNA 분해효소(Ribonuclease: RNase)를 첨가하여 RNA를 제거한다.
- 단백질-DNA 결합 분리: 용액 내에서 음전하를 띄고 있는 DNA와 양전하를 띠고 있는 히스톤 단백질의 이온 상호작용을 막기 위하여 SDS(sodium dodecyl sulfate)를 첨가한다. SDS는 단백질에 결합하여 단백질을 음성전하로 전환한다. 또한 SDS는 DNase를 변성시켜 활성을 저해한다. 대부분의 단백질-DNA 결합체는 염기 상태에서 분해된다. 또한 고농도의 염(NaCl 또는 sodium percholate)을 첨가하면 DNA와 단백질을 분리할 수 있다.
- DNA 분리 정제: DNA를 침전시키기 전에 용액 내의 모든 단백질을 제거해야 한다. 단백질은 클로로포름-이소아밀 알코올(chloroform-isoamyl alcohol)을 첨가하여 원심분리하여 제거한다. 원심분리하면 3개의 층으로 분리되는데, 맨 위의 수용액층(DNA 함유), 중간의 변성된 단백질층, 그리고 아래의 유기용매층이다. 수용액층을 모아서 에탄올을 첨가하면 DNA는 실 모양으로 침전한다. 침전한 DNA에서 단백질을 제거하려면 위의 과정을 반복한다.

2. 미토콘드리아 DNA(Mitochondrial DNA) 추출

- 미토콘드리아는 세포 안에 존재하는 소기관이다. 미토콘드리아의 세포막은 이중막 구조를 형성하고 있으며, 세포 내 에너지 생성에 중요한

역할을 한다. 한 개의 세포에 함유된 미토콘드리아의 수는 세포의 에너지 수용과 관계 있으며, 일반적으로 호흡이 활발한 세포일수록 많은 미토콘드리아를 함유하고 있다. 예를 들면, 간세포 1개당 1,000~3,000개, 식물 세포에서는 100~200개의 미토콘드리아를 볼 수 있다. 미토콘드리아는 자체 염색체를 가지고 있어 자가 복제, 증식한다. 인간 미토콘드리아 DNA는 약 16kb의 원형 이중나선이다. 인간 미토콘드리아 DNA에는 37개의 암호화 유전자를 포함하고 있다. 정자와 난자가 수정할 때에 정자는 수정란의 총 염색체 수 가운데 절반을 제공한다. 반면 미토콘드리아는 99.9% 난자의 세포질에서 유래하므로, 미토콘드리아 DNA는 재조합(recombination)이 거의 발생하지 않는다. 따라서 미토콘드리아 DNA를 추적하면 모계 조상을 추적할 수 있다. 미토콘드리아 DNA를 추출하는 방법은 실험 목적에 따라 크게 두 가지로 나뉜다.

① 미토콘드리아 DNA의 순수 분리: 순수한 미토콘드리아의 DNA만을 추출하고자 할 때에는 우선 미토콘드리아를 세포에서 분리한다. 세포 내 소기관은 세포막을 우선 분해한 후, 세포분획(cell fractionation)과 초고속 원심분리기를 이용하여 미토콘드리아를 순수하게 분리할 수 있다.

② 미토콘드리아 특이적 PCR의 활용: 미토콘드리아 DNA가 세포의 주 염색체 등과 혼합되어 있더라도, 미토콘드리아 특이적 PCR을 이용하여 미토콘드리아의 일부 DNA 부위를 증폭, 복제할 수 있다. 이러한 PCR 방법은 시료에서 모든 DNA(total DNA)를 분리하여 법의학, 진화학, 계통학 연구에 매우 유용하게 사용된다.

3. 플라스미드(Plasmid) 추출

- 미생물의 주 염색체 이외의 별도로 들어 있는 원형의 DNA를 플라스미드(plasmid)라 한다. 플라스미드(plasmid)는 원형의 이중나선 DNA 구조이며 주 염색체에 비하여 훨씬 작은 크기이다. 길이는 약 3,000~30,000bp이며 주 염색체와 무관하게 자가 복제하며, 항생제 저항성 등을 나타낸다. 재조합 유전자 기술에 널리 유용하게 사용되며 클로닝, 단백질 발현을 위한 벡터로 이용된다.

• 플라스미드(plasmid)를 추출하는 방법은 주 염색체와 플라스미드(plasmid)를 분리하는 과정을 포함하고 있다. 플라스미드(plasmid)는 항상 원형의 이중나선 DNA 구조를 유지한 채 추출되는 반면 주 염색체는 부서져서 분리된다. 플라스미드(plasmid)는 주 염색체와 비교하여 매우 작은 크기의 분자이다. 이러한 구조적 특성을 이용하여 플라스미드(plasmid)를 추출하는 과정은 크게 다음 세 가지로 나뉜다.

① 플라스미드(plasmid)와 고체물의 특정 상호작용을 이용하는 방법이다. 예를 들어 니트로셀룰로오스 마이크로 필터 또는 수산화인회석(hydroxyapatite) 칼럼에 플라스미드(plasmid)를 부착하여 추출할 수 있다.

② 주 염색체를 선택적으로 침전하는 방법이다. 플라스미드(plasmid)는 원형의 공유결합을 유지하므로 극한 pH, 온도 또는 변성을 일으키는 화학 물질에서 주 염색체보다 상대적으로 안정하다.

③ 플라스미드(plasmid)와 주 염색체의 비중 차이를 이용하여 초고속 원심분리를 이용하여 침전하는 방법이다. 높은 고순도의 플라스미드(plasmid)를 얻고자 할 때에 주로 사용한다.

4. RNA 추출

• RNA는 분해에 매우 취약한 분자이다. RNA 분해효소(RNase)는 공기 중을 비롯하여 광범위하게 존재한다. DNA 분해효소(DNase)가 활성화를 위하여 Mg^{2+} 등의 보조인자(cofactor)를 필요로 하는 반면 RNA 분해효소(RNase)는 보조인자(cofactor)를 필요로 하지 않으므로, 활성화하기 쉽다. 따라서 RNA를 추출할 때에는 모든 실험 기구와 장비를 RNase를 제거하는 용액으로 세척하여 사용해야 한다.

• 또한 RNA 추출 실험을 위해 마스크와 라텍스 장갑을 착용해야 한다. 디에틸피로카르본산(Diethylpyrocarbonate: DEPC)은 RNase를 제거하기 위해 주로 사용되는 화학 물질로 DEPC로 처리된 증류수(DEPC-treated water)를 이용하여 RNA 관련 실험을 진행한다. 또한 추출한 RNA는 -80°C 이하에서 보관하여 RNase 활성을 저해한다.

5. cDNA(complementary DNA) 합성

• cDNA(complementary DNA)는 mRNA를 주형(template)으로 이용, 역전사효소(reverse transcriptase)와 DNA 중합효소(DNA polymerase)에 의하여 제작된다. cDNA의 서열은 mRNA의 서열에 상보적으로 구성된다. cDNA는 진핵세포 유전자를 다른 세포에서 발현할 때 또는 mRNA의 발현량을 정량적으로 비교할 때에 주로 사용된다. 진핵세포의 유전자는 엑손(exon)과 인트론(intron)으로 구성되어 있는데, 선택적 이어맞추기(alternative splicing) 과정을 통하여 엑손(exon)만을 함유한 mRNA를 형성한 후 번역(translation)되어 단백질을 형성한다. 이러한 mRNA를 주형(template)으로 상보적인 서열을 가지고 있으므로 cDNA라 명명한다. cDNA의 합성 과정은 특정한 유전자의 mRNA만을 이용하는 것이 아니라 세포 내에 존재하는 모든 mRNA를 이용하여 cDNA를 합성하므로 이러한 총합을 cDNA library라고 한다. 또한 특정 세포의 경우 유전자는 존재하더라도 전사량이 극히 미약할 경우 mRNA의 양이 미미하여 cDNA 합성에 실패할 수도 있다.

6. 미량 혈액 또는 침에서 total DNA 추출 실험 방법 (G-spin total DNA extraction kit, 인트론 Cat. No. 17045)

• 본 실험 방법은 1~100μL의 혈액 또는 침, 체액, 세포 등에서 total DNA(genomic DNA와 미토콘드리아 DNA)를 분리하는 방법이다(그림 3-5).

1) 실험 시작 전 준비사항

① RNase A(lyophilized) 1 vial에 0.3ml의 pure D.W를 넣고 용해시켜 사용하며, Proteinase K(lyophilized)는 1 vial에 1.1ml의 pure D.W를 넣고 용해시켜 사용한다. 각 효소들이 용해되었다면 즉시 보관은 -20°C에서 한다.

② Buffer WB용액에 100% ethanol을 1:4로 추가하여 사용(Buffer WB : Ethanol = 40 mL : 160 mL).

③ Buffer CL, Buffer BL에 침전물이 생겼다면 70°C에서 다시 녹여 사용.

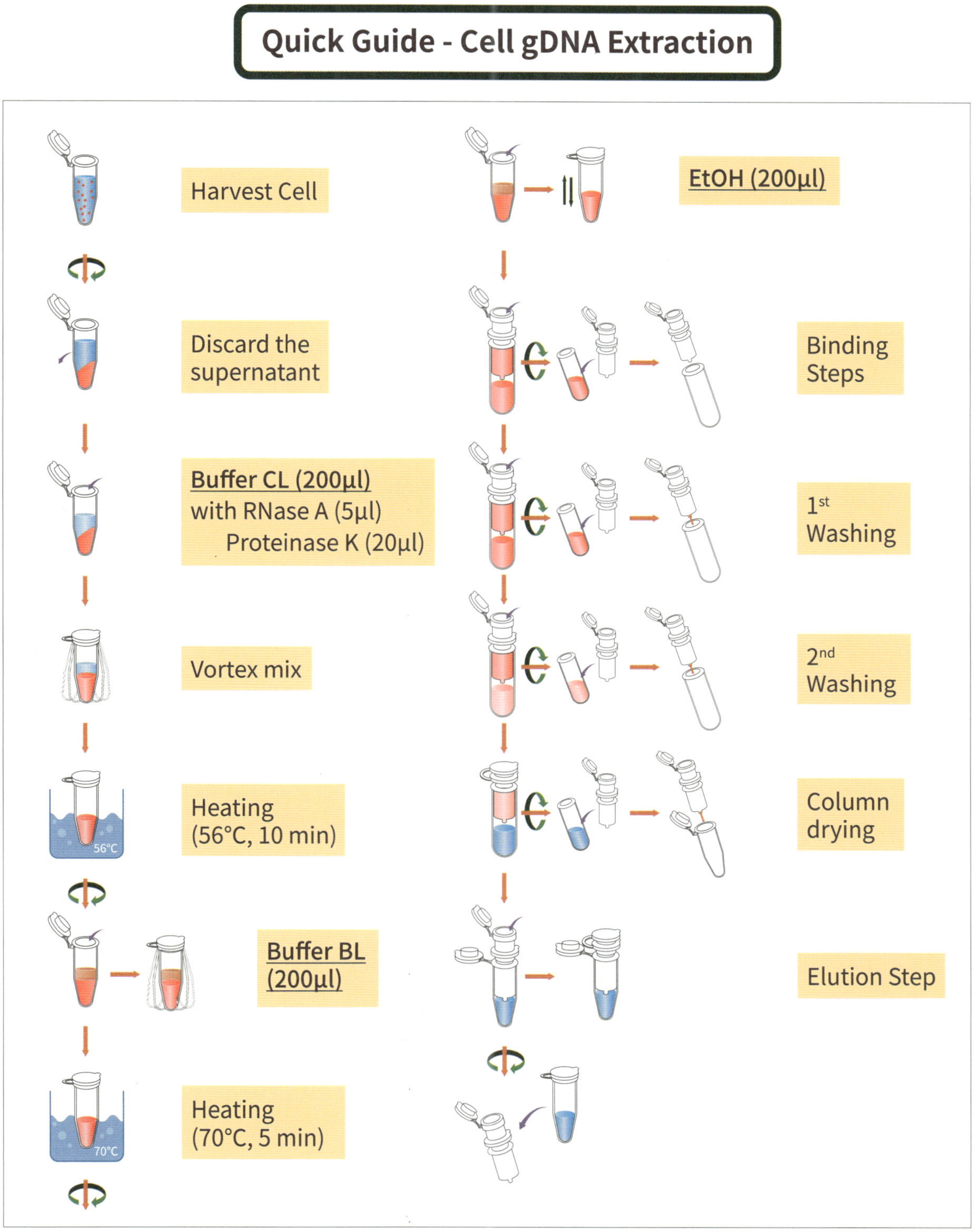

그림 3-5 G-spin Total DNA Extraction kit의 실험 개요

2) Protocol A. Genomic DNA extraction for Whole blood, body fluids

① 1.5 mL tube에 200μl의 샘플을 넣는다(만약 샘플이 부족하다면, PBS buffer를 이용해 볼륨을 맞춘다).

② Proteinase K 용액 20μl, RNase A 용액 5μl를 넣는다(충분히 vortex).

③ Buffer BL 200μl를 샘플 위쪽에서 천천히 넣고, 완전히 섞는다(심한 vortex는 삼가야 한다).

④ Lysate을 56°C에서 3~4회 튜브를 뒤집으면서 incubation(10min)한다(lysis가 완벽히 되면, 용액이 빨간색에서 암록색으로 변한다).

⑤ 간단히 튜브를 원심분리한 후, 100% ethanol 200μl를 넣고 튜브를 뒤집으면서 잘 섞는다. 다시 간단히 원심분리하여 용액을 아래로 내린다(vortex 하지 않음). – Equilibration step

⑥ 2 mL tube에 spin column을 올리고 lysate이 벽에 묻지 않도록 넣는다. 뚜껑을 닫은 후, 13,000rpm에서 1분 동안 원심분리한다. 여과물은 버리고, 같은 튜브에 다시 column을 올린다.

⑦ Buffer WA 700μl를 spin column에 통과시키며, 벽에 용액이 묻지 않도록 한다. 13,000rpm에서 1분 동안 원심분리를 한 후 여과물은 버리고 같은 튜브에 다시 column을 올린다.

⑧ Buffer WB 700μl를 spin column에 통과시키며, 벽에 용액이 묻지 않도록 한다. 13,000rpm에서 1분 동안 원심분리를 한 후, 여과물은 버리고 같은 튜브에 다시 column을 올린다. 그리고 다시 1분 동안 원심분리를 하여 membrane을 말린다.

⑨ Spin column을 새로운 1.5mL tube에 올리고 Buffer CE 30~100μl를 membrane에 올린다. 실온에서 incubation(1min)한 후, 13,000rpm에서 1분 동안 원심분리한다.

3) Protocol B. Genomic DNA extraction for Tissue, Rodent tail

① 실험동물에서 시료를 채취한 후, 적절한 크기로 자른다(mouse: 0.6~1.2cm, rat: 0.3~0.6cm).

② 샘플을 grinding jar(mortar)에 넣은 후, 액체질소를 넣고 얼린다. 샘플을 액체질소에 넣어두고, 샘플을 homogenate(균질액)로 만든다(조직들이 보이지 않을 때까지) – Disruption and homogenization step

③ 조직샘플 25mg을 측정하고, 1.5mL 튜브에 스파츌러를 이용해 옮긴다(냉장된 튜브와 스파츌러를 이용).

④ 200μl Buffer CL, 20μl Proteinase K, 5μl RNase A를 튜브에 넣고 vortex한다.

⑤ Lysate을 56°C로 예열한 heat block이나 water bath에 incubation (10~30min)한다.

⑥ 반응 후, 200μl Buffer BL을 샘플에 넣고 완전히 섞는다(격렬한 vortex는 피한다). 그리고 혼합물을 70°C에서 incubation(5min)한다.

⑦ 샘플을 13,000rpm에서 5분 동안 원심분리한 후, 용해되지 않은 조직들을 제거한다. 그리고 1.5mL 튜브에 상층액 350~400μl를 조심스럽게 옮긴다.

⑧ Protocol A, step 5부터 순서대로 실험한다.

4) Protocol C. Genomic DNA extraction for Cell, Buffy coat

① 샘플을 다음과 같이 준비한다(1a or 1b).

1a. suspension에서 자란 세포: 15ml이나 50ml 튜브에 culture fluid를 옮긴 후, 3,000rpm, 5min 원심분리해 cell pellet을 만든다. 상층액은 완전히 제거한 후, PBS로 washing한다. 그리고 cell pellet에 PBS를 이용해 부유시킨다.

1b. monolayer에서 자란 세포: Trypsinization(1)이나 cell scraper(2)로 culture flask에서 세포를 떼어낸다.

- 배양액을 제거하고 37°C PBS를 이용해 세포를 씻어낸다. 그리고 PBS를 제거한 후, trypsin용액을 첨가한다. 세포가 flask에서 완전히 떨어진 후, PBS를 이용해 washing한다. 그리고 부유되어 있는 cell pellet에 PBS를 이용해 적절한 volume을 맞춘다.
- Cell scraper를 사용해 세포를 flask에서 떼어낸 후, PBS를 이용해 washing한다. 그리고 부유되어 있는 cell pellet에 PBS를 이용해 적절한 volume을 맞춘다.

② Cell counter(hemocytometer)를 이용해 세포의 수를 파악하고 1~3 x 106의 세포를 1.5ml 튜브에 옮긴다.

③ 샘플을 13,000rpm, 1min 원심분리하여 pellet을 만들고, 상층액을 버린다. 또 다시 cell pellet을 남은 상층액(PBS)으로 부유시킨다 (vortex or tapping).

④ 200μl Buffer Cl, 20μl Proteinase K, 5μl RNase A용액을 튜브에 첨가하고 잘 섞이도록 vortex한다.

⑤ 56°C로 예열한 heat block이나 water bath에 Lysate을 incubation

(10~30min)한다.

⑥ 반응 후, 200µl Buffer BL을 샘플에 넣고 완전히 섞는다. 그리고 샘플을 70°C에서 incubation(5min)한다(격렬한 vortex는 피한다).

⑦ Protocol A, step 5부터 순서대로 실험한다.

5) Protocol D. Genomic DNA extraction for Dried Blood Spots

① Dried Blood sample을 준비하기 위해 모세혈관 혈액을 blood collection paper 903, 2292(Schleicher and Schuell)를 이용하여 Blood spot 샘플을 준비한다.

② 5~7mm diameter 펀치를 이용하여 세 부분을 오려낸 후, 1.5ml 튜브에 넣는다.

③ 200µl PBS를 튜브에 넣고 완전히 vortex한 후, 85°C에서 incubation(10min)한다. 그리고 간단히 원심분리를 한다.

④ Protocol A, step 3부터 순서대로 실험한다.

6) Protocol E. Genomic DNA extraction for fixed tissues

*Paraffin으로 고정된 조직: step 1부터 시작,
Formalin으로 고정된 조직: step 3부터 시작

① Paraffin으로 고정된 조직을 25mg 이하가 되도록 얇게 자른 후 2ml 튜브에 넣는다.

② 1.2ml Xylene을 넣고 완전히 섞는다. 실온에서 5분 동안 최고 속력으로 원심분리한 후, 파이펫을 이용해 상층액을 제거한다(3~4번 반복). -xylene은 paraffin을 제거하는 역할을 한다.

③ 1.2ml의 100% ethanol을 넣고 완전히 섞는다. 그리고 실온에서 5분 동안 최고 속력으로 원심분리한 후, 파이펫을 이용해 상층액을 제거한다(6~7번 반복).

④ 65°C에서 ethanol이 완전히 증발할 때까지 incubation(10~15min)한 후, 새로운 1.5ml 튜브에 옮긴다.

⑤ Buffer를 추가하지 않고 막자를 이용해 10~20번 조직을 부순다. 그리고 50µl의 Buffer CL을 튜브에 넣은 후, 샘플을 homogenate(균질액)으로 만든다. -Disruption and Homogenization step

⑥ 150µl Buffer CL, 20µl Proteinase K, 5µl RNase A를 튜브에 넣고 완전히 섞는다(효소는 -10°C보관).

⑦ 56°C로 예열된 heat block이나 water bath에서 Lysate을 incubation (10~30min)한다.

⑧ 튜브를 13,000 rpm에서 5분간 원심분리한 후, 융해되지 않은 조직들을 제거한다. 그리고 180~200μl의 샘플 튜브의 상층액을 새로운 1.5ml 튜브에 옮긴다.

⑨ 200μl Buffer BL을 샘플튜브에 넣고, 완전히 섞는다(격렬한 vortex는 삼가). 그리고 mixture는 70°C에서 incubation(5min)한다.

⑩ 5분 동안 13,000 rpm에서 원심분리한다. 용해되지 않은 조직을 다시 한번 제거한 후, 350~400μl의 상층액을 새로운 1.5 ml 튜브에 옮긴다.

⑪ Protocol A, step 5부터 순서대로 실험한다.

7) Protocol F. Genomic DNA extraction for Bacteria

① Gram (-) bacteria 샘플을 준비한다.

solid media plate(LB or SOB)에 bacteria cell을 올리고, 14~16hr 동안 37°C에서 incubation한 후, single colony를 떼어낸다. 5ml의 liquid culture media(LB or SOB)에 colony를 넣은 후, 37°C overnight incubation한다(spectrophotometer OD600 value 0.8~1.0이 나올 때까지)

② 1~2ml의 배양된 bacteria cell을 2ml 튜브에 옮긴 후, 13,000rpm에서 1분 동안 원심분리하여 Pellet을 얻는다. 그리고 상층액을 버린 후, 남은 상층액(remnant supernatant)을 이용해 pellet을 다시 부유시킨다.

③ 200μl Buffer CL, 20μl Proteinase K, 5μl RNase A를 튜브에 넣고 완전히 섞는다(효소는 -10°C보관).

④ 56°C로 예열된 heat block이나 water bath에서 Lysate을 incubation (10~30min)한다

⑤ 200μl Buffer BL을 샘플의 위쪽에 천천히 넣고, 완전히 섞는다(격렬한 vortex는 삼가). 그리고 mixture는 70°C에서 incubation(5min)한다.

⑥ 5분 동안 13,000 rpm에서 원심분리한다. 용해되지 않은 부분들을 다시 한번 제거한 후, 350~400μl의 상층액을 새로운 1.5ml 튜브에 옮긴다.

⑦ Protocol A, step 5부터 순서대로 실험한다.

8) Protocol G. Genomic DNA extraction for Biological swabs

① 샘플준비, 면봉을 이용해 샘플의 표면을 6회 이상 완전히 긁어낸 후, 면봉을 최소 2시간 Air-dry시킨다(바로 사용하지 않는 샘플은 -20°C에 보관).

② 면봉의 끝부분만 1.5ml 튜브에 넣은 후, 400μl Buffer CL, 20μl Proteinase K, 5μl RNase A를 추가로 넣은 후 완전히 vortex한다. 그리고 lysate을 56°C에서 incubation(30min)한 후, 간단히 원심분리한다.

③ Lysate에 400μl Buffer BL을 넣고, 천천히 위아래로 뒤집으며 5~6회 섞어준다. 그리고 다시 70°C에서 incubation(5min)한 후, 간단히 원심분리한다.

④ Lysate에 400μl 100% ethanol을 넣고, 천천히 위아래로 뒤집으며 5~6회 섞어주고 간단히 원심분리한다. - equilibration step

⑤ 2ml 튜브에 spin column을 올리고 step 4에서 얻은 혼합물 800μl를 넣는다. 튜브의 뚜껑을 닫은 후, 13,000rpm에서 1분 동안 원심분리를 한 후, 여과액은 버린다. 2ml 튜브를 다시 사용하여 column을 올린다.

⑥ Step 4에서 얻은 mixture의 남은 용액 500~600μl를 spin column에 넣는다. 역시 여과액은 버리고 2ml 튜브를 다시 사용하여 column을 올린다.

⑦ Protocol A, step 7부터 순서대로 실험한다.

9) Protocol H. Genomic DNA extraction for Animal hair

① Hair 10가닥을 준비한다(뿌리가 있는 Hair를 사용).

② 뿌리에서부터 1cm를 잘라내어, 1.5mL 튜브에 옮긴다.

③ 50μl Buffer CL을 넣고, micro-pestle을 이용해 10~20번 부순다(hair는 buffer에 녹지 않지만, 모근의 작은 부분은 녹게 된다). - homogenizing step

④ 150μl Buffer CL(include that use in homogenizing step), 20μl Proteinase K, 5μl RNase A를 샘플에 넣은 후, 완전히 vortex한다.

⑤ 56°C로 예열된 heat block이나 water bath에서 lysate을 incubation(10~30min)한다.

⑥ 200μl Buffer BL을 샘플튜브에 넣고 완전히 섞는다(격렬한 vortex는

삼가). 그리고 mixture는 70°C에서 incubation(5min)한다.

⑦ 5분 동안 13,000rpm에서 원심분리한다. 용해되지 않은 조직을 다시 한번 제거한 후, 350~400μl의 상층액을 새로운 1.5ml 튜브에 옮긴다.

⑧ Protocol A, step 5부터 순서대로 실험한다.

7. 플라스미드(Plasmid) 추출 실험 방법 (Plasmid Mini Prep kit, Solgent Cat. No. SPM01–C100)

- 본 실험은 1~2mL의 미생물 배양액에서 플라스미드(plasmid) DNA를 분리하는 방법이다(그림 3-6).

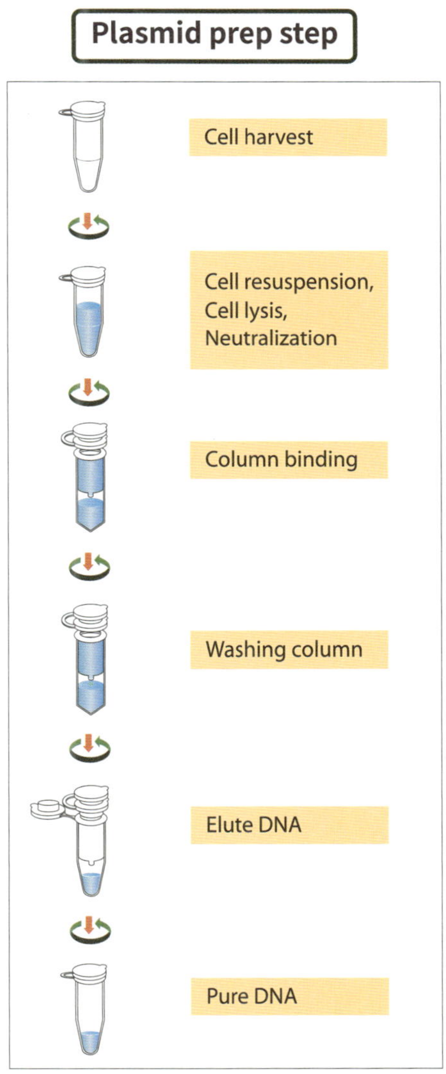

그림 3-6 Solgent Plasmid Prep kit의 실험 개요

① 미생물 배양액(1~2mL)을 마이크로튜브에 넣고 10,000rpm에서 1분간 원심분리한다. 미생물은 아래로 침전되고 배양액은 상층에 분리된다.(주의: 원심분리기는 항상 균형을 맞춘 후에 회전해야 한다.)

② 마이크로튜브를 기울여서 배양액을 조심스럽게 제거한다. SP1 용액(RNase A 함유) 250μL를 첨가하여 피펫팅하여 균질해지도록 잘 섞는다.

③ SP2 용액 250μL를 첨가하여 마이크로튜브의 뚜껑을 덮고 위아래로 4~6회 인버팅하여 섞는다(보텍싱 금지).

④ SGP3 용액 350μL를 첨가하여 마이크로튜브의 뚜껑을 덮고 위아래로 4~6회 인버팅하여 섞는다(vortex 사용금지). 원심분리기에 넣고 10,000rpm에서 10분간 원심분리한다. 세포벽, 세포막 및 세포 잔해(cell debris)는 침전하고, 투명한 용액에 플라스미드를 포함한 세포 내 수용성 물질은 녹는다.

⑤ 10분간 원심분리를 진행하는 동안에 spin column을 collection tube에 장착한다. Superbinder solution 100μL를 spin column에 첨가하여 10,000rpm에서 1분간 원심분리한 후, collection tube에 모인 용액을 제거한다.

⑥ ④의 결과물에서 상층액을 spin column에 첨가하여 10,000rpm에서 30초간 원심분리한다. 이 때 플라스미드는 column의 멤브레인(membrane)에 결합하고, 나머지 분자는 collection tube에 모인다. Collection tube에 모인 용액을 제거한다.

⑦ Spin column에 WB(80% ethanol) 750μL를 첨가하여 10,000rpm에서 30초간 원심분리한다. 플라스미드 외의 물질을 세척하는 단계이다. Collection tube에 모인 용액을 제거한 후 이 과정을 한 번 더 반복한다.

⑧ Collection tube에 용액을 모두 제거하고, 10,000rpm에서 3분간 원심분리한다. WB를 완전히 제거하기 위하여 spin column에 아무것도 넣지 않고 공회전한다.

⑨ Collection tube를 버리고 spin column을 새로운 1.5mL 마이크로튜브에 옮긴 후 buffer EB 30~50μL를 spin column에 넣고 1분간 기다린다. 그 후 10,000rpm에서 1분간 원심분리한다. 이 때 buffer EB는 column에 붙어 있는 플라스미드를 멤브레인(membrane)으로부터 분리하는 기능을 한다. 따라서 마이크로튜브에 모인 용액 안

에 플라스미드가 함유되어 있다.

⑩ 자외선 분광기(UV spectrophotometer) 또는 DNA 전기영동을 통하여 플라스미드 DNA의 농도를 확인할 수 있다.

⑪ DNA를 단기간 보관 시에는 -20°C 냉동고에서 보관하고 장기간 보관 시에는 -80°C 냉동고에서 보관한다.

⑫ 자세한 매뉴얼은 참고 자료의 Solgent Plasmid Prep kit의 매뉴얼을 참고한다.

8. 동물 세포에서 mRNA 추출 실험 방법

(RNeasy Mini kit, Qiagen Cat. No. 74104)

① GFP를 발현하는 동물 세포를 마이크로튜브에 넣고 300×g(약 1,500rpm), 4°C에서 5분간 원심분리한다. 동물 세포는 아래로 침전되고 배양액은 상층에 분리된다.(주의: 원심분리기는 항상 균형을 맞춘 후에 회전해야 한다.)

② 상층액을 제거하고 cold RLN buffer 175μL를 첨가하여 얼음에서 5분간 반응시킨다.

③ 4°C, 300×g에서 2분간 원심분리한다. 상층액을 새 마이크로튜브에 옮긴다.

④ RLT buffer 600μL를 첨가한 후, 보텍싱(vortexing)하여 잘 섞는다.

⑤ 에탄올(96~100% ethanol) 430μL를 넣고 피펫팅으로 잘 섞는다.
(주의: 원심분리하지 않는다.)

⑥ RNeasy mini column을 마이크로 2mL collection tube에 장착하고, 700μL 샘플 용액을 column에 넣는다. 튜브 뚜껑을 닫고 8000×g에서 15초간 원심분리한다. Collection tube에 모인 용액은 버린다.

⑦ RW1 buffer 700μL를 column에 넣는다. 뚜껑을 덮고 8,000×g(〉10,000rpm)에서 15초간 원심분리한다. 마이크로튜브에 모인 용액은 버린다.

⑧ 빈 column을 새 마이크로튜브에 옮기고, RPE buffer 500μL를 column에 넣는다. 뚜껑을 덮고 8,000×g(〉10,000rpm)에서 15초간 원심분리한다. 마이크로튜브에 모인 용액은 버리고, 1분간 최대 속도에서 원심분리하여 멤브레인(mebmbrane)을 건조한다.

⑨ Column을 1.5mL 마이크로튜브에 꽂고, RNase-free water 30~50μL를 멤브레인(membrane)의 중앙에 넣는다. 뚜껑을 닫고 10,000rpm에서 1분간 원심분리한다.

⑩ 만약 예상하는 RNA 수율이 30μg 이상일 경우에는 ⑨번 과정을 한 번 더 반복한다.

⑪ 자세한 매뉴얼은 참고 자료의 Qiagen RNeasy Mini kit 매뉴얼을 참고한다.

9. Total RNA를 이용한 cDNA 합성 실험 방법

(Superscript III First-Strand Synthesis System, ThermoFisher Scientific Cat. No. 18080051)

① Total RNA 최대 5μg까지 이용하여 다음 용액을 제조한다.

Component	Amount
Total RNA(1pg ~ 5μg)	nμL
Primer *50μM oligo(dT)$_{20}$ 또는 2μM gene-specific primer 또는 50ng/μL random hexamer	1μL
10 mM dNTP mix	1μL
DEPC-treated water	to 10μL

② 위에서 제조한 용액을 65°C에서 5분간 반응시킨 후, 얼음 위에서 최소 1분간 반응시킨다. 이 과정은 RNA에 프라이머(primer)를 결합(annealing)하는 과정이다.

③ cDNA synthesis mix를 다음 표와 같이 준비한다.

Component	1 Rxn	10 Rxns
10× RT buffer	2μL	20μL
25mM $MgCl_2$	4μL	40μL
0.1M DTT	2μL	20μL
RNaseOUT(40U/μL)	1μL	10μL
SuperScript III RT(200U/μL)	1μL	10μL

④ 위에서 준비한 cDNA synthesis mix 10μL를 ①에서 제조한 RNA/primer mix에 넣고 피펫팅하여 잘 섞은 후 다음 반응을 계속한다.

⑤ 프라이머(primer) 종류에 따라 각각 반응을 계속한다.

oligo(dT)$_{20}$ 또는 gene-specific primer: 50°C에서 50분 반응시킨다.

Random hexamer: 25°C에서 10분간 반응 후 50°C에서 50분 반응시킨다.

⑥ 85°C에서 5분간 반응시켜 합성 반응을 중지한 후 얼음 위에서 식힌다.

⑦ RNase H 1μL를 넣고 37°C에서 20분간 반응시킨다.

⑧ 합성이 완료된 cDNA를 -20°C 이하에서 보관한다.

⑨ 자세한 매뉴얼은 참고 자료의 Invitrogen SuperScript III First-Strand Synthesis System의 매뉴얼을 참고한다.

https://naver.me/ximAZjRp

참고하면 좋을 자료

Green & Sambrook (2012). *Molecular Cloning: A Laboratory Manual*, 4th ed. Cold Spring Harbor Laboratory Press 분자생물학의 기본적 실험이 체계적으로 총정리되어 있는 실험서이다.

https://www.youtube.com/watch?v=DnZweDoJ0Vk
Extracting your DNA at home: 집에서 손쉽게 구할 수 있는 화학 물질을 이용하여 DNA를 추출하는 방법을 설명한 동영상이다.

http://learn.genetics.utah.edu/content/labs/extraction/
DNA 추출 버추얼 랩(virtual lab)으로 가상환경에서 DNA 추출 실험을 할 수 있는 웹사이트이다.

https://naver.me/FAPjJjWn
Intron G-spin Total DNA extraction kit 매뉴얼이다.

https://naver.me/GypwoXV2
Solgent Plasmid Prep kit의 매뉴얼이다.

https://naver.me/5v3R2Vbq
Qiagen RNeasy Mini kit 매뉴얼이다.

https://naver.me/ximAZjRp
Invitrogen SuperScript III First-Strand Synthesis System의 매뉴얼이다.

2. TA 클로닝 (TA cloning)

- PCR 결과물 클로닝, cDNA 모음(cDNA library) 제작, 유전체 모음(genomic library) 제작 등을 제한효소를 사용하지 않고 플라스미드(벡터의 역할)에 넣어 효율적으로 클로닝하는 실험 방법이다.
- 선형 DNA(linear DNA)는 세포 내에서 자가 복제를 할 수 없으므로 선형 DNA를 플라스미드(plasmid)에 삽입, 대장균에 도입(transformation)하여 대량으로 복제하는 것이 실험의 주목적이다.
- TA 벡터는 인서트(insert)가 들어가는 위치에 절단된 베타 갈라토시다제(ß-galatosidase)의 유전자를 가지고 있다. 베타 갈라토시다제(ß-galatosidase)와 청색/흰색 분별법(blue/white screening)을 이용하여 인서트(insert)가 들어간 벡터를 육안으로 쉽게 분리할 수 있다.

1. TA 클로닝

- PCR은 시험관에서 복제 목적의 DNA 절편, 한 쌍의 프라이머(primer), *Taq* 중합효소(*Taq* polymerase: 고온내열성 효소로 고온 환경에서 서식하는 Thermus aquaticus에서 분리, 정제됨), Mg^{2+}, 각 염기의 단위체(monomer: dNTP)를 혼합하여 시험관 내에 DNA 부위를 복제, 증폭하는 과정이다. PCR로 복제할 수 있는 DNA의 길이는 10kb 이하로 제한되며, 결과물은 선형 DNA(linear DNA)이다.
- 또한 PCR 반응 과정 중에 *Taq* 중합효소(*Taq* polymerase)가 오차를 발생시킬 확률(error rate)은 약 2.2×10^{-5} nt per cycle이다. 이는 10kb DNA를 복제하는 한 번의 cycle 중에 약 0.2개의 염기치환 돌연변이가 발생할 수 있다는 것을 의미한다. 이러한 오차의 발생 이유는 *Taq* 중합효소(*Taq* polymerase)는 3'→ 5' exonuclease 활성이 결핍되어 있기 때문에 복제 과정 중에 proofreading 과정이 존재하지 않는다. 이러한 결점을 보완하기 위하여 *Pfu* 중합효소(*Pfu* polymerase: 고온 내열성 효소로 Pyrococus turiosus에서 분리, 정제됨)를 효소로 사용하기도 한다. *Pfu* 중합효소(*Pfu* polymerase)는 3'→ 5' exonuclease 활성을 가지고 proofreading을 수행하므로, 오차를 발생할 확률이 2.6×10^{-6} nt per cycle로 보다 정확하기 때문에 DNA의 클로닝 또는 긴 DNA 절편의 복제에 사용된다.
- TA 클로닝(TA cloning)은 PCR 결과물 클로닝, cDNA 모음(cDNA library) 제작, 유전체 모음(genomic library) 제작 등을 제한효소를 사용하

지 않고, 플라스미드에 넣어 효율적으로 클로닝하는 실험 방법이다(그림 3-7). TA 클로닝 벡터(TA cloning vector)는 선형 DNA(linear DNA)이며, 3' 말단에 디옥시티미딘(deoxythymidine: dT) 1base를 부가한 형태이다. PCR 반응 중에 *Taq* 중합효소(*Taq* polymerase)는 증폭산물의 3' 말단에 디옥시아데닌(deoxyadenine: dA) 1base를 부가한다. 따라서 그림 3-7과 같이 DNA 리가아제(DNA ligase)로 처리하면 PCR 결과물을 TA 클로닝 벡터(TA cloning vector)에 삽입하여 원형의 플라스미드를 만들 수 있다. 플라스미드는 숙주세포에서 자가 복제 능력과 항생제 저항성을 가지고 있으므로, 이를 대장균(*E. coli*)에 주입하면 무한대로 증식할 수 있다. 만약 *Pfu* 중합효소(*Pfu* polymerase)를 사용할 경우에는 PCR 결과물 말단이 blunt end이므로, TA 클로닝 벡터(TA cloning vector)를 사용하려면 PCR결과물에 디옥시아데닌(deoxyadenine: dA) 1base를 부가하는 추가적인 단계를 수행해야 한다.

- TA 클로닝 후에는 플라스미드를 대장균에 도입한 후, 항생제 저항성 배지에서 플라스미드를 함유한 대장균을 선별한다. 이때 사용하는 대장균을 competent cell이라고 하며, 재조합 효소 일부와 일체의 플라스미드를 함유하고 있지 않다. 이후 플라스미드를 앞에서 배운 바와 같이 추출하여, 인서트(insert)가 들어갔는지를 PCR 또는 제한효소 처리로 확인해야 한다. 이러한 과정은 매우 노동집약적이고, 많은 시간과 노력이 필요하다. 때문에 인서트(insert)가 들어간 플라스미드를 함유한 대장균을 보다 효율적으로 선별하기 위하여, TA 벡터의 제한효소자리(multi-cloning site)에 절단된 *lacZ* 유전자를 삽입한 벡터(vector)가 개발되었다(그림 3-8). *lacZ* 유전자 산물은 베타갈락토시다제(ß-galatosidase) 효소로 X-gal(BCIG 또는 5-bromo-4-chloro-indolyl-ß-D-galactopyranoside) 기질을 분해하여 청색의 화합물을 생성한다(그림 3-9). 따라서 인서트(insert)가 들어간 경우에는 *lacZ* 유전자가 절단되어 베타갈락토시다제(ß-galatosidase) 효소가 생성되지 않으므로 흰색 콜로니를 형성하게 된다. 만약 인서트(insert)가 들어가지 않았다면 self-ligation에 의하여 *lacZ* 유전자 산물 베타갈락토시다제(ß-galatosidase) 효소가 생성된다. 이를 X-gal을 함유한 배지에서 기르면 청색을 나타낸다. 따라서 육안으로 보아 청색과 흰색으로 보이는 콜로니 중 흰색 콜로니(insert가 들어간 것)의 플라스미드만을 추출하여 실험을 진행한다. 이를 청색/흰색 분별법(blue/white screening)이라고 한다(그림 3-10).

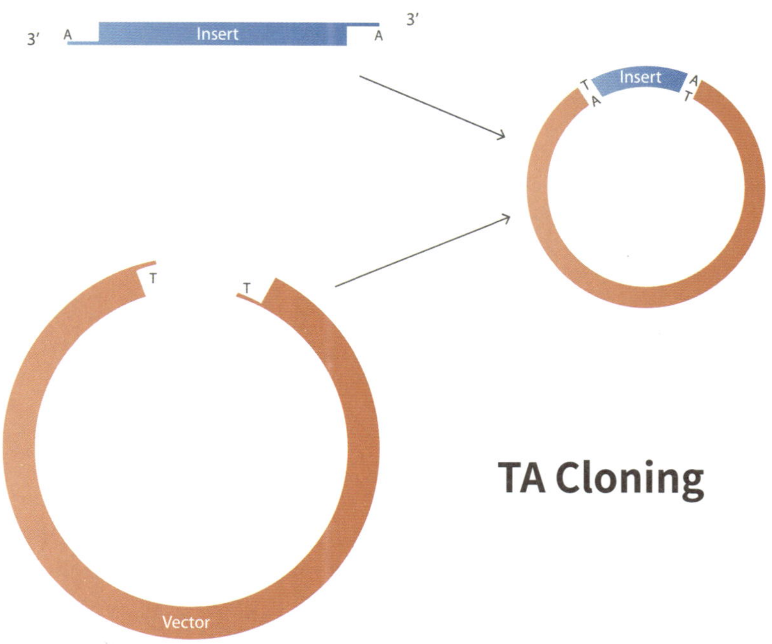

그림 3-7 TA 벡터(vector)의 작동 원리

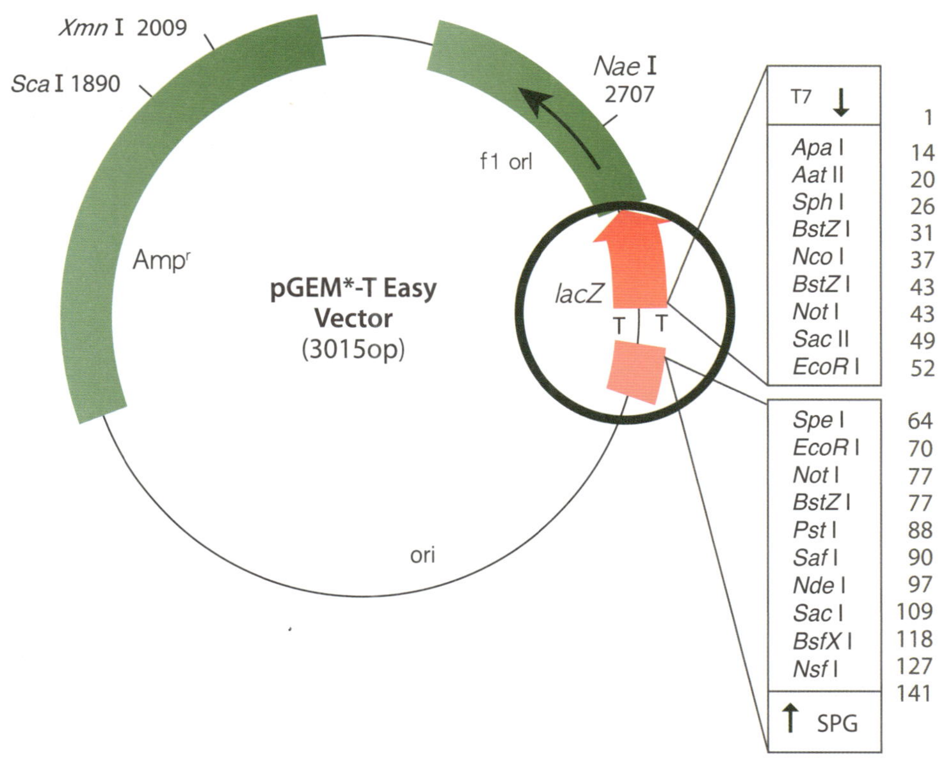

그림 3-8 *lac Z* 유전자가 인서트(insert)가 들어가는
부위에 삽입된 TA 클로닝 벡터

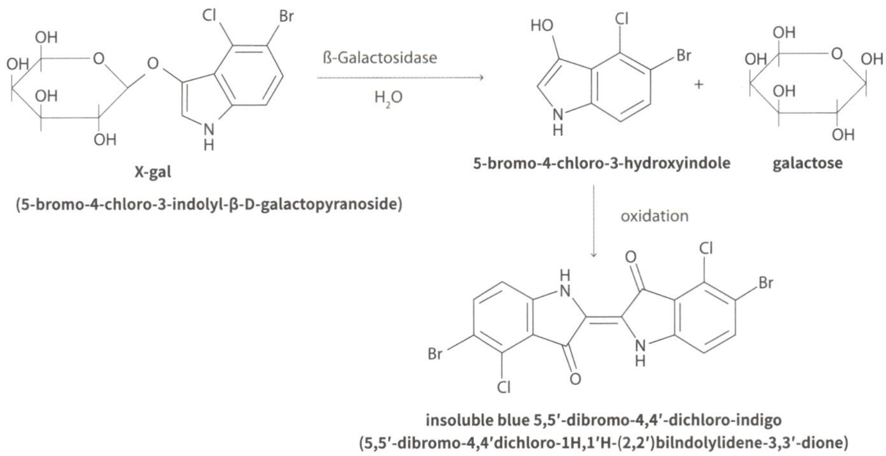

그림 3-9 X-gal과 베타갈락토시다제(ß-galatosidase: *lac Z* 유전자 산물)가 반응하여 청색을 나타내는 반응 과정

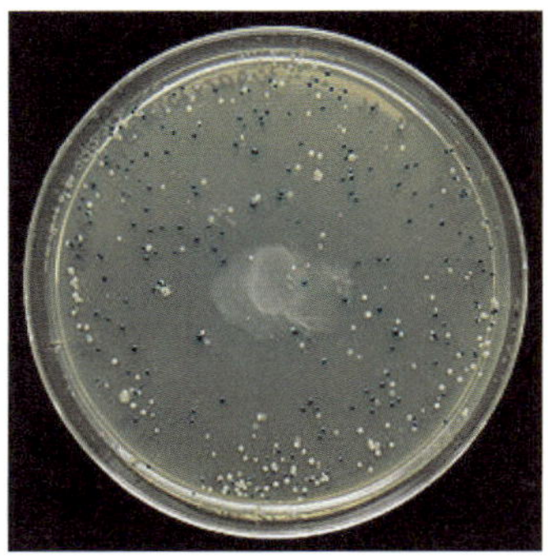

그림 3-10 청색/흰색 분별법(blue/white screening) 예시

2. Ampicillin/IPTG/X-gal 함유 LB agar plate 제조 실험 방법

① 20g LB agar(MBcell)를 400mL의 증류수에 넣은 후 잘 섞는다. 최종 부피가 500mL가 되도록 증류수를 첨가한다.

② 500mL LB agar 용액을 유리병에 담고 오토클레이브(autoclave) 한다.

③ 용액의 온도를 50°C 정도로 식힌 후 암피실린(ampicillin)을 첨가하여 최종 농도가 100μg/mL가 되도록 한다.

④ LB agar 용액 3~5 mL를 페트리디시에 기포가 생기지 않도록 부은 후 상온에서 굳을 때까지 기다린다.

⑤ LB agar plate는 랩(wrap)으로 잘 싸서 건조를 막은 후 냉장실(4°C)에 보관한다.

⑥ 100mM IPTG 용액 100μL와 50mg/mL X-Gal 용액 20μL를 잘 섞어서 사용 30분 전 LB plate에 스프레딩(spreading) 도말하여 37°C에 30분간 보관 후 사용한다.

3. Ligation & Transformation 실험 방법
(pGEM-T Easy vector system, Promega Cat. No. A1360)

① PCR 결과물을 정제하여 자외선 분광기(UV spectrometer)등을 이용하여 농도를 측정한다.

② Ligation 반응을 위한 PCR 결과물과 벡터(vector)의 비율을 정한다. PCR 결과물과 벡터(vector)의 몰비율(molar ratio)이 1:3일 때 가장 효과적으로 진행된다. 몰비율을 중량비로 전환하기 위하여 다음과 같은 공식을 사용한다.

$$\text{Insert(ng)} = \frac{\text{Vector(ng)} \times \text{Insert(kb)}}{\text{Vector(kb)}} \times \text{molar ratio of } \frac{\text{Insert}}{\text{Vector}}$$

예를 들어 500bp(=0.5kb)의 PCR 결과물(insert)을 50ng, 3kb vector와 3:1의 몰비율로 반응시킬 때 위의 공식을 이용하면 다음과 같은 결과를 얻는다.

$$\text{Insert(ng)} = \frac{\text{Vector(50ng)} \times \text{Insert(0.5kb)}}{\text{Vector(3kb)}} \times \frac{3}{1} = 25\text{ng}$$

따라서 25ng의 PCR 결과물이 필요하다.

③ PCR tube에 다음 표와 같이 ligation 반응을 준비한다. Positive control과 Background control도 동시에 진행한다.

Reagents	Standard Rxn	Positive Control	Background Control
2× Rapid Ligation Buffer	5μL	5μL	5μL
pGEM-T Easy Vector	1μL	1μL	1μL
PCR product	XμL	-	-
Control Insert DNA	-	2μL	-
T4 DNA ligase(3units/μL)	1μL	1μL	1μL
ddH_2O to final volume	10μL	10μL	10μL

④ 위와 같이 준비하여 상온에서 1시간 동안 반응을 진행한다. 최대 반응 산물을 얻으려면 4°C에서 하룻밤 동안 반응을 진행한다.

⑤ 위에서 준비한 LB agar plate를 준비한다.

⑥ PCR tube의 내용물을 원심분리한 후 2μL를 15mL tube에 옮긴다.

⑦ Competent *E. coli* 100μL를 위의 15mL tube에 섞은 후 얼음에서 30분간 방치한다.

⑧ 42°C에서 1분 30초간 열충격(heat shock)을 가한 후, 얼음 속에서 5분간 방치한다.

⑨ 미리 37°C로 맞춰놓은 SOC media를 최종 1mL가 되도록 첨가한다.

⑩ 37°C 진탕배양기(shaking incubator)에서 1시간 배양한다(160~225 rpm).

⑪ 100μL를 따서 ampicillin/ IPTG/ X-gal 함유 LB agar plate에 스프레딩(spreading) 도말한다.

⑫ 37°C에서 하룻밤 배양한 후 흰색 콜로니만 이쑤시개로 수집하여 ampicillin을 함유한 LB 액상배지(broth) 1mL에서 배양한다.

⑬ 플라스미드를 추출하여 실험 목적에 맞게 사용한다.

⑭ 자세한 사항은 참고자료의 Promega pGEM-T Easy vector system 매뉴얼을 참고한다.

참고하면 좋을 자료

Green & Sambrook (2012). *Molecular Cloning: A Laboratory Manual*, 4th ed. Cold Spring Harbor Laboratory Press 분자생물학의 기본적 실험이 체계적으로 총정리되어 있는 실험서이다.

https://naver.me/FQydTFcU
Promega pGEM-T & pGEM-T Easy vector system의 매뉴얼이다.

3. 제한효소 지도 작성 및 DNA 전기영동
(Restriction mapping & DNA gel electrophoresis)

- 제한효소 지도 작성(restriction mapping)은 PCR 결과물의 확인, ligation 후 벡터(vector)의 확인 등에 유용하게 사용된다. 제한효소는 특정한 DNA 서열을 인식하여 그 부분이나 그 주변을 절단하는 효소를 말한다. 대부분의 제한효소는 각각 인식 자리(recognition site) 혹은 제한 자리(restriction site)라는 특수한 염기 서열을 가진 위치에서 DNA를 절단한다. 약 3,000종의 제한효소가 발견되었으며, 이 중 600여 개는 상품화되어 있다.
- DNA 전기영동(DNA gel electrophoresis)은 DNA를 크기에 따라서 분리하는 방법이다. DNA는 뼈대(backbone)의 인산기(phosphate group) 때문에 전기영동에 사용되는 완충액(buffer)에서 음전하를 띠고 있으며 두 전극 사이에 위치했을 때 양극(+) 쪽으로 움직이게 된다. 이때 DNA분자가 젤 매트릭스(gel matrix)사이를 통과하는 속도는 분자량이 커질수록 늦어지며 젤 매트릭스가 치밀할수록(gel %가 높을수록) 늦어진다. 또한 DNA 분자량이 같더라도 구조에 따라서 움직이는 속도가 다르다. 예를 들어 수퍼코일 DNA(supercoiled DNA)는 원형 DNA(circular DNA)보다 빠르게 이동한다. 젤의 재료는 아가로스(agarose)나 폴리아크릴아미드(polyacrylamide)가 흔히 쓰이며 분리하고자 하는 DNA의 크기에 따라서 선택한다. 아가로스 젤(agarose gel)은 100bp~20kb의 DNA를 분리하는데 사용되며, 폴리아크릴아미드 젤(polyacrylamide gel)은 1kb 이하 크기의 DNA를 분리하는데 이용된다.
- 아가로스 젤(agarose gel)에서 DNA 이동속도(DNA migration rate)에 영향을 주는 요소는 다음과 같다.

① DNA 분자의 크기
② 아가로스 젤 농도
③ DNA의 구조(conformation): 수퍼코일 DNA(supercoiled DNA) 〉 원형 DNA(circular DNA) 〉 nicked circular DNA 〉 선형 DNA(linear DNA)
④ 전압
⑤ 로딩다이(loading dye)
⑥ buffer 용액의 조성과 이온화 세기

1. 제한효소 처리 실험 방법

- 제한효소 처리(restriction endonuclease digestion) 실험은 DNA에 제한효소를 반응시켜 특정 DNA 서열을 절단하는 것을 주 목적으로 한다. DNA를 제한효소로 처리할 때에는 DNA의 양, 완충액(buffer) 조성 및 반응물 부피 등과 같은 여러 가지 요소를 최적화하여 실험을 진행해야 한다. 제한효소 1 unit은 60분간 50μL 용액에 들어 있는 1μg의 DNA의 특정 DNA 서열을 완전히 절단하는 효소의 양으로 정의한다.
제한효소 : DNA : 반응물 부피의 비율은 실험을 설계하는 지침으로 활용될 수 있다. 실험적으로 DNA의 다양성 때문에 대략 5~10배의 효소를 첨가한 과다분해(overdigestion)가 사용된다. 제한효소 처리 실험의 최적화를 위한 여러 가지 고려 요소를 살펴보도록 한다.

1) 일반적인 제한 효소 처리(Typical Restriction Digestion)

Factors	용량
제한효소	10 unit이 충분하며 대략 1μL 사용한다
DNA	1μg
10× Buffer	5μL(1×)
BSA(bovine serum albumin)	필요시에 최종 농도 100μg/mL가 되도록 첨가
전체 반응물 부피	50μL
반응 시간	대략 1시간(효소마다 다름)

2) 제한효소 사용법

- 냉동실 밖에서 사용할 때에는 항상 얼음에 넣고 사용한다.
- 반응물을 섞을 때에는 항상 맨 마지막에 제한효소를 첨가한다.
- 제한효소를 섞은 후에는 피펫팅으로 잘 섞은 후 원심분리기로 짧게 스핀 다운(spin down)한다. 반응혼합물을 절대 보텍싱(vortexing)하지 않는다.
- 일반적으로 1μg DNA에 5~10unit의 제한효소를 첨가하여 반응한다. 주 염색체(genomic DNA)의 경우 1시간 반응에 10~20unit의 제한효소를 첨가한다.

3) DNA

- 제한효소 처리 반응에 사용하는 DNA에는 DNA 추출 과정에 사

용되는 페놀(phenol), 클로로포름(chloroform), 알코올(alcohol), EDTA, detergents 또는 과도한 염(excessive salts) 등의 오염 물질이 섞여 있어서는 안 된다. 오염 물질을 제거하기 위하여 추가적으로 정제 단계를 거쳐야 한다.

- DNA 메틸화(methylation)는 특정 제한효소의 절단을 저해할 수도 있다.

4) 완충액(Buffer)

- 일반적으로 10배 농도의 완충액(10× buffer)을 사용한다. 이를 전체 반응물 부피에 1/10이 되도록 첨가하여, 1× 농도로 사용한다.
- 특정 제한효소는 완충액에 BSA를 필요로 한다. 이러한 경우에 BSA 최종농도가 100μg/mL(1:100 dilution)되도록 첨가한다.

5) 반응물 부피(Reaction volume)

- 일반적으로 1μg DNA를 절단하는데 50μL reaction volume을 사용한다.
- 제한효소의 부피는 전체 반응물 부피의 10%가 넘지 않도록 한다. 제한효소는 글리세롤(glycerol) 용액에 포함되어 있는데, 과다한 글리세롤은 스타활성(star activity)을 유발한다.
- 스타활성(star activity)이란 제한효소 기질이 되는 DNA를 특정한 반응조건 하에서 사용했을 때 본래의 인식서열과 다른 염기 서열을 절단하는 활성을 말한다. 스타활성(star activity)의 출현 빈도는 효소, 기질, DNA 반응 조건에 따라 다르다. 대부분의 제한효소가 스타활성(star activity)을 가질 수 있다. 스타활성(star activity)이 유도되는 반응 조건은 다음과 같다. 과도한 글리세롤 농도(>5% v/v), 과도한 효소의 첨가, 저농도 이온, 높은 pH(>8), 유기용매의 첨가, 금속이온의 존재 등이 그것이다.
- 스타활성(star activity)을 막으려면 최종 글리세롤 농도를 최소화하고 유기용매가 제거된 정제 DNA에 중성 완충액을 사용하여야 한다.

6) 반응 시간(Incubation time) 및 반응 온도

- 일반적으로 1시간 반응을 진행한다. 효소의 양을 늘리거나 특수한 효소를 사용하면 반응 시간을 줄일 수 있다.
- 대부분의 효소는 적은 양을 첨가하여 16시간 동안 반응을 진행할 수도 있다.
- 각 제한효소마다 최적의 활성을 나타내는 반응 온도가 다르므로 제품

설명서를 참고하여 실험한다.

7) 반응 종결

- 제한효소 처리 반응을 일정 시간 진행 후 더 이상의 DNA 처리가 필요하지 않을 때에는 반응을 중지하기 위하여 종결 용액(50% glycerol, 50 mM EDTA(pH 8.0), and 0.05% bromophenol blue)을 사용한다. 이 용액의 처리 후에 DNA 전기영동이 가능하다.
- 반응 후 DNA 조작이 추가적으로 필요하다면 열불활성화(heat inactivation: 65~80°C, 20분)를 할 수 있다.
- 반응 후에 제한효소를 제거하려면 페놀 클로로포름(phenol/chloroform) 추출법이나 칼럼(column)을 이용하여 정제한다.

8) 제한효소의 보관

- 제한효소는 -20°C에서 보관한다. 특정 효소는 -70°C에서 보관해야 한다.
- 완충액과 BSA 용액은 -20°C에서 보관한다.

9) 이중 제한효소 처리(Double digestion)

- DNA를 두 종류의 제한효소로 동시에 처리하는 과정을 이중 제한효소 처리(double digestion)라고 한다.
- 각각의 효소는 특수한 완충액에서 최적의 활성을 나타낸다. 따라서 이중 제한효소 처리(double digestion) 반응을 진행하기 위해서는 두 종류의 효소가 최적의 활성을 나타내는 완충액을 선택해야 한다. 이러한 정보는 제한효소를 판매하는 회사에서 제공받을 수 있다. 참고 자료의 이중 제한효소 처리(double digestion) 관련 완충액 선택 기준을 참고한다.

2. 생물정보학(Bioinformatics)을 응용한 제한효소 처리

- 긴 DNA 서열에서 특정 제한효소의 절단 부위를 찾고자 할 때, 생물정보학 도구(Bioinformatics tool)를 사용하면 효율적으로 찾아낼 수 있다.
- 벡터에 PCR 결과물을 삽입한 후 ligation을 진행한 후에 인서트(insert)가 바르게 들어갔는지를 확인하려면 특정 제한효소를 처리한 후의 결

과물을 생물정보학 도구를 사용하여 예측할 수 있다.

- NEB cutter V2.0의 활용하여 제한효소의 위치, 제한효소 결과물 예측을 해 보도록 한다.

  NEB cutter V2.0: http://nc2.neb.com/NEBcutter2/?noredir

① NEB cutter V2.0 웹 페이지에 접속한 후 DNA 서열 정보를 입력한다(그림 3-11). DNA 서열 정보는 파일 형식, plain 또는 FASTA 포맷으로 제출할 수 있다.

② 그 아래 왼쪽의 옵션에서 DNA 서열이 선형 DNA(linear DNA)인지 원형 DNA(circular DNA)인지 선택한다.

③ 오른쪽은 제한효소를 선택하는 옵션이다.

④ Pubmed nucleotide에서 NM_002479 *Homo sapiens* myogenin (myogenic factor 4)(MYOG), mRNA의 서열을 복사해서 검색창에 붙이기를 한다. **Submit**을 클릭한다.

http://www.ncbi.nlm.nih.gov/nuccore/NM_002479.5

⑤ 결과는 이 DNA 서열(소프트웨어가 RNA 서열을 DNA로 자동변환함)에 1개의 절단 위치를 갖는 제한효소의 위치가 DNA의 다이어그램에 나타난다(그림 3-12). 각 제한효소를 클릭하면 제한효소의 위치와 결과물의 위치가 표시되며 buffer의 조성 등이 나타난다. 중앙의 **2 cutter**와 **3 cutter**를 클릭하면 이 DNA 서열을 각각 2번, 3번 자르는 효소의 명단이 나타난다. 오른쪽에 **List**의 **1 cutters**를 클릭하면 각 제한효소의 절단 위치와 절단 서열이 나타난다(그림 3-13).

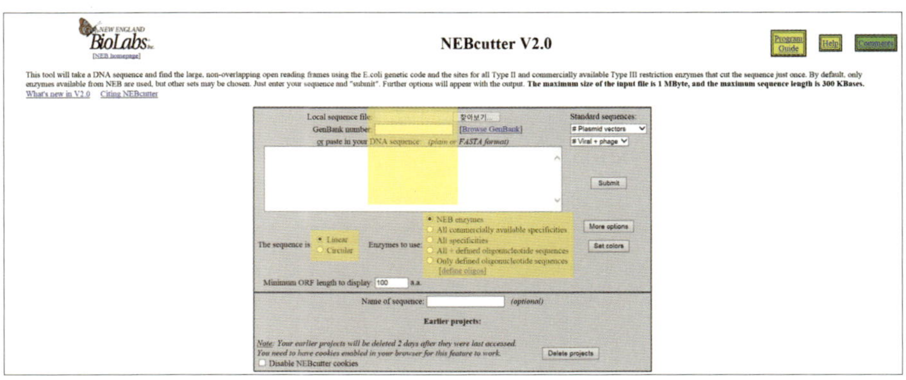

그림 3-11 NEB cutter V2.0 홈페이지

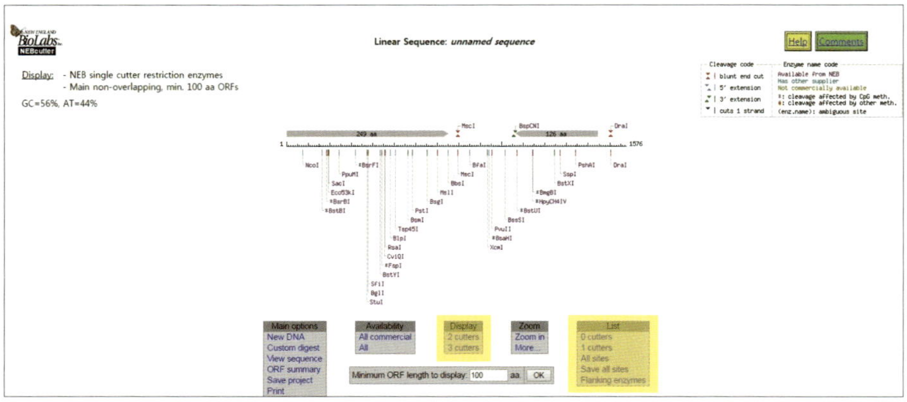

그림 3-12 NEB cutter V2.0를 이용한 제한효소 위치(restriction enzyme site) 분석

#	Enzyme	Specificity	Sites & flanks	Cut positions (blunt - 5′ ext. -3′ext.)
1	BbsI	GAAGACNN▼NNNN▲	list	750/754
2	BfaI	C▼TA▲G	list	852/854
3	BglI	GCCN▲NNN▼NGGC	list	381/378
4	BlpI	GC▼TNA▲GC	list	483/486
5	BmgBI	CAC▼▲GTC	list	*1144
6	BsaHI	GR▼CG▲YC	list	*939/941
7	BsgI	GTGCAG(N)$_{14}$▲NN▼	list	654/652
8	BsmI	GAATC▲CN▼	list	564/562
9	BsrBI	CCG▼▲CTC	list	*185
10	BsrFI	R▼CCGG▲Y	list	*319/323
11	BssSI	C▼ACGA▲G	list	1017/1021
12	BstBI	TT▼CG▲AA	list	*166/168
13	BstUI	CG▼▲CG	list	*1072
14	BstXI	CCAN▲NNNN▼NTGG	list	1245/1241
15	BstYI	R▼GATC▲Y	list	436/440
16	CviQI	G▼TA▲C	list	458/460
17	DraI	TTT▼▲AAA	list	1504
18	Eco53kI	GAG▼▲CTC	list	194
19	FspI	TGC▼▲GCA	list	*444
20	HpyCH4IV	A▼CG▲T	list	*1143/1145
21	MscI	TGG▼▲CCA	list	796
22	MslI	CAYNN▼▲NNRTG	list	702
23	NcoI	C▼CATG▲G	list	76/80
24	PpuMI	RG▼GWC▲CY	list	244/247
25	PshAI	GACNN▼▲NNGTC	list	1343
26	PstI	C▲TGCA▼G	list	585/581
27	PvuII	CAG▼▲CTG	list	952
28	RsaI	GT▼▲AC	list	459
29	SacI	G▲AGCT▼C	list	196/192
30	SfiI	GGCCN▲NNN▼NGGCC	list	381/378
31	SspI	AAT▼▲ATT	list	1272
32	StuI	AGG▼▲CCT	list	375
33	Tsp45I	▼GTSAC▲	list	507/512
34	XcmI	CCANNNN▲N▼NNNNTGG	list	931/930

그림 3-13 NEB cutter V2.0를 이용한 제한효소 위치(restriction enzyme site) 분석

3. DNA 전기영동 실험 방법

① 아가로스 젤을 만들려면 젤 트레이를 스탠드에 올려놓고, 특정 중량의 아가로스를 1× TAE buffer에 넣은 후 전자레인지로 녹여 만든다. 아가로스 용액이 투명해지면서 기포를 형성하며 끓으면 병을 전자레인지에서 꺼내어 식힌다. 식히는 도중에 용액의 온도가 약 60°C에 도달하면 ECOred를 섞는다. ECOred는 EtBr의 대체용품으로 무독성이다. 1× TAE buffer의 조성은 다음과 같고, 평상시에는 50× stock 용액을 희석하여 사용한다.

② 1× TAE buffer의 조성은 다음과 같고, 평상시에는 50× stock 용액을 희석하여 사용한다.

- 1× Tris-Acetate-EDTA(TAE):
  40 mM Tris(pH 7.6), 20 mM acetic acid, and 1 mM EDTA.
- 50× TAE Stock(1 liter) 제조법
  600mL의 증류수에 아래 화학물을 섞은 후, 부피를 1L가 되게 증류수를 첨가한다.

242g Tris base(MW = 121)
57.1mL glacial acetic acid
100mL 0.5M EDTA(pH 8.0)

③ 아가로스 젤 용액을 젤 트레이에 부은 후, 콤을 설치하여 젤이 굳을 때까지 10~20분간 기다린다. 이때 콤이 젤 트레이 밑바닥에 닿으면 절대 안 된다. 콤은 젤의 2/3 정도까지 위치시키며 샘플을 담을 웰(well)을 만들어야 한다.

④ 전기영동 본체에 표시된 눈금까지 1× TAE buffer를 채우고, 젤 트레이를 옮겨 1× TAE buffer에 담근다. 이때에 buffer에 형성되는 양극과 음극의 위치를 확인해야 한다.

⑤ 파라필름에 스포팅되어 있는 1μL 로딩다이와 약 5μL DNA 샘플을 피펫을 이용하여 잘 섞은 후 샘플을 웰에 조심스럽게 담는다.

⑥ 전기영동장치의 덮개를 덮고 50~100볼트에서 전기영동을 15~60분 정도 진행한다.

⑦ 로딩 다이가 젤의 끝에 도달할 즈음 전기를 차단하고 젤을 자외선 트랜스일루미네이터(UV transilluminator) 위에 놓고 DNA를 관찰한다.

참고하면 좋을 자료

Green & Sambrook (2012). *Molecular Cloning: A Laboratory Manual*, 4th ed. Cold Spring Harbor Laboratory Press 분자생물학의 기본적 실험이 체계적으로 총정리되어 있는 실험서이다.

http://www.youtube.com/watch?v=tTj8p05jAFM
DNA 전기영동 실험 과정을 단계별로 동영상으로 보여 준다.

http://learn.genetics.utah.edu/content/labs/gel/
가상 환경에서 DNA 전기영동 실험을 할 수 있는 버츄얼 랩이다

https://nebcloner.neb.com/#!/redigest
NEB사에서 제공하는 이중 제한효소 처리(double digestion) 관련 완충액 선택 기준이다.

4. DNA 서열 분석 (DNA sequencing)

DNA 서열 분석(DNA sequencing)은 복제된 DNA 또는 DNA 절편의 염기 서열을 분자 수준에서 밝혀 내는 실험 방법이다. DNA 서열 분석 기술은 DNA의 화학 구조와 생체 내에서 복제되는 원리를 이용하여 개발되었다. 최초의 DNA 서열 분석 방법은 거의 비슷한 시기에 생어(Sanger) 그룹, 막삼(Maxam)과 길버트(Gilbert) 그룹에 의하여 각기 다른 원리로 제안되었다. 현재 사용되는 자동 염기 서열 분석법(automated sequencing)은 생어의 방법(Sanger method)에 기초하고 있으며, 막삼과 길버트 방법(Maxam-Gilbert method)은 현재 사용 빈도가 높지 않다.

1. 막삼과 길버트 방법 (Maxam–Gilbert method 또는 Chemical degradation method)

- 이 실험은 DNA의 염기를 특이적으로 절단하는 화학 물질을 이용한 방법이다.
- DNA 절편을 준비하여 이중나선 DNA를 단일가닥으로 분리한 후 단일가닥의 한쪽 말단(5' 또는 3'말단)에 방사성 동위원소 ^{32}P를 붙여서 방사성을 띠게 한다. 이 시료를 각각 시험관 4개에 넣고 각 시험관에 화학 물질을 첨가하여 DNA에서 1~2 종류의 특정 염기만을 절단하는 화학반응을 진행한다. 보통 흔히 쓰이는 실험 방법은 시험관에 각각 시토신(C), 시토신과 티민(C+T), 구아닌(G), 아데닌과 구아닌(A+G)을 절단하는 화학 물질을 넣고 반응을 진행하는 것이다. 각 시험관에는 수많은 DNA 가닥이 존재하므로 특정 염기를 절단하는 화학반응은 무작위로 진행된다. 화학반응 후 각각의 시험관에는 길이가 서로 다른 DNA 가닥이 존재하게 된다. 따라서 이를 전기영동하여 염기의 서열을 알아낼 수 있다(그림 3-14(a)).

2. 생어의 방법(Sanger method)

- 이 실험은 디디옥시뉴클레오디드 시퀀싱(dideoxynucleotide chain-termination sequencing) 또는 생어 시퀀싱(Sanger sequencing)이라고도 한다.

- DNA의 당-인산(sugar-phosphate backbone)의 공유결합의 형성은 염기간의 C5-C3 방향으로 형성되며, 3'-OH group의 산소가 염기간의 공유결합을 연결하는 역할을 한다(그림 3-15). PCR 반응은 DNA 절편, *Taq* 중합효소(*Taq* polymerase), 프라이머(primer) 그리고 deoxyribonucleotide triphosphate(dNTP: dATP, dCTP, dGTP, dTTP)를 첨가하여 진행한다. 생어는 dNTP의 3'-OH를 3'-H로 치환하는 방법으로 dideoxynucleotide (ddNTP: ddATP, ddCTP, ddGTP, ddTTP)를 제작하였다(그림 3-15).
- PCR 반응에 튜브 4개를 준비하여 dNTP와 각각 한 종의 ddNTP (ddATP, ddCTP, ddGTP, ddTTP)를 넣고 반응을 진행하면 dNTP와 ddNTP가 무작위로 DNA 합성에 첨가된다. 이때 dNTP가 첨가되면 PCR 반응이 계속 진행되나, ddNTP가 첨가되면 DNA 복제가 중단된다. 예를 들어 ddATP가 첨가된 반응 튜브에서는 DNA 절편의 각각의 티민(thymine: T)에 상보적인 아데닌(adenine: A)이 첨가될 때 무작위로 반응이 중단된다.
- 프라이머(primer)의 5' 말단을 방사성 동위원소 32P로 표지한 후 튜브 4개에서 각각 다른 ddNTP를 첨가하고 PCR 반응을 진행하면 각각의 ddNTP가 무작위로 첨가된 DNA 절편을 얻을 수 있다. DNA 절편을 전기영동하면 DNA의 염기 서열을 밝혀낼 수 있다(그림 3-14(b)).

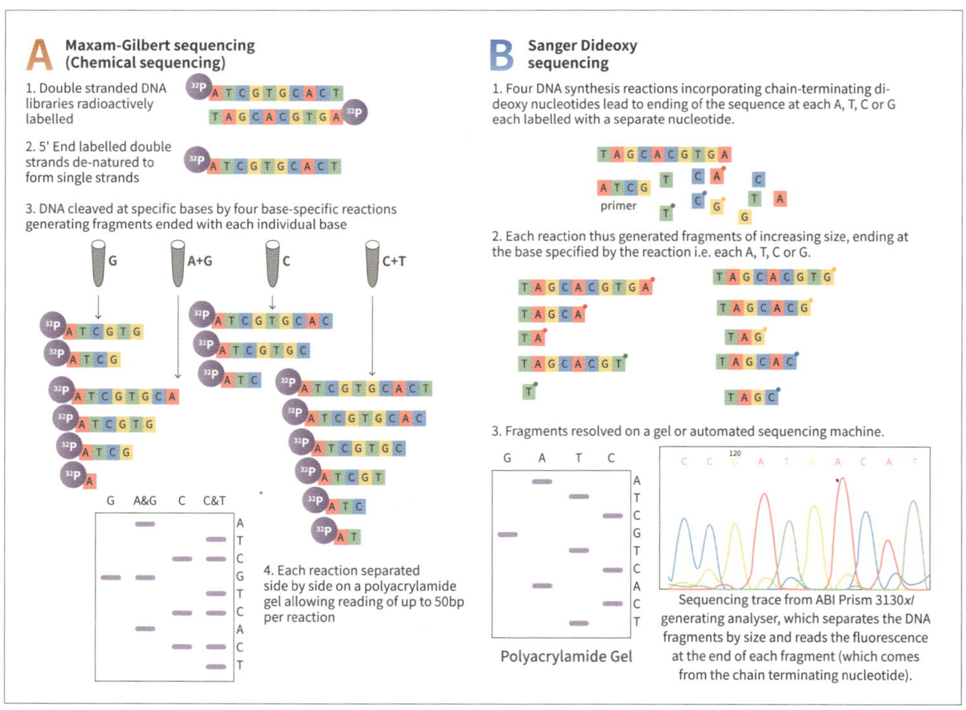

(a) 막삼과 길버트 방법 (b) 생어의 방법

그림 3-14 DNA 서열 분석 실험

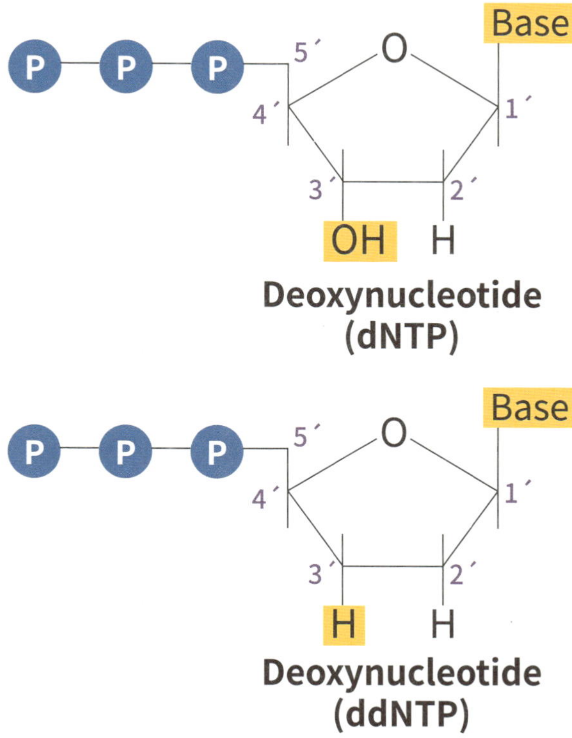

그림 3-15 dNTP와 ddNTP의 구조 비교

3. Automated DNA sequencing

- 이러한 기술을 computer-automated high-throughput DNA sequencing 이라 한다.
- '2. 생어의 방법'에서 설명한 생어 방법을 기반으로 하여 DNA 서열 분석을 자동화하는 기술이 개발되었다. 네 종류의 ddNTP(ddATP, ddCTP, ddGTP, ddTTP)를 각각 다른 색깔의 형광 물질로 표지하여 하나의 튜브에서 PCR 반응을 시킨다. PCR 반응이 진행되면서 생어 방법을 사용했을 때와 유사하게 ddNTP가 무작위로 첨가된 DNA 절편을 얻을 수 있다. 이렇게 합성된 각각의 DNA 절편을 모세관 젤에 전기영동하면 레이저와 형광색을 분석하는 탐지기(detector)에 의하여 염기 서열이 자동으로 판독된다(그림 3-16).
- 자동화된 DNA 서열 분석 기술의 장점은 99.999%의 정확도로 1,000bp의 DNA를 500원/kb의 비용으로 처리가 가능하다는 점이다. 96well의 모세관 젤을 장착할 경우 하루에 2백만bp의 DNA 서열 분석이 가능하다.

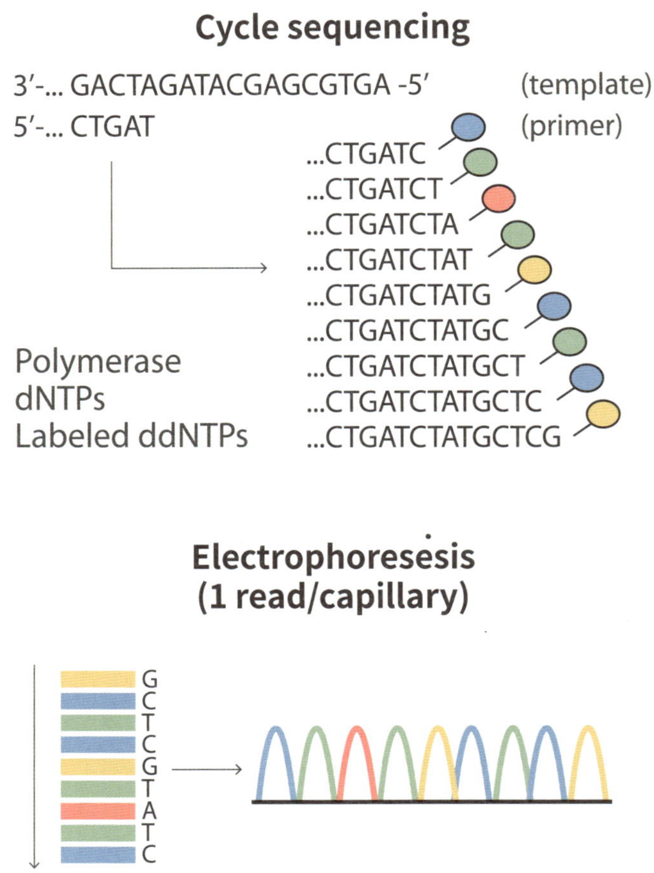

그림 3-16 Automated DNA sequencing method

참고하면 좋을 자료

Shendure, J. & Ji, H. (2008). "Next-generation DNA sequencing." *Nature Biotechnology*, 26, pp.1135-1145.
https://doi.org/10.1038/nbt1486
차세대 DNA 서열 분석기술을 거시적으로 정리한 리뷰 논문이다.

Green & Sambrook (2012). *Molecular Cloning: A Laboratory Manual*, 4th ed. Cold Spring Harbor Laboratory Press 분자생물학의 기본적 실험이 체계적으로 총정리된 실험서이다.

MEMO

MEMO

MEMO

PART 4

프로젝트

Project

1. 과학적 방법론 (The scientific method)

- 과학적 방법론(the scientific method)은 과학자가 오랜 시간에 걸쳐 총체적으로 세계를 정확하고 객관적으로 구성하기 위한 노력을 일컫는다.
- 개인적, 사회적 신념이 자연 현상을 이해하고 해석하는 데 영향을 미치기는 하지만 과학자는 학설(theory)을 확립하기 위하여 표준 절차와 규칙을 준수하여 이러한 영향을 최소화해야 한다.
- 과학적 방법론은 학설 또는 가설(hypothesis)을 검증하는 과정에서 편견을 최소화하고자 하는 시도를 의미한다.

1. 과학적 방법론의 단계

1) 과학적 방법론의 구성

과학적 방법론은 다음과 같이 5단계로 구성된다.

① 1단계(관찰): 현상을 관찰하고 기술하는 단계

② 2단계(질문): 관찰한 현상에 대하여 의문을 제시하는 단계

③ 3단계(가설): 현상을 설명할 수 있는 가설을 설정하는 단계

④ 4단계(예측): 설정된 가설을 토대로 다른 현상의 존재를 예상하거나 새로운 관찰 결과를 정량적으로 예측하는 단계

⑤ 5단계(실험): 가설을 검증하기 위한 독립적인 실험 단계. 실험을 통하여 가설이 증명되면 가설은 학설 또는 법칙으로 간주할 수 있다.

만약 실험에서 가설을 뒷받침하지 못하는 결과가 나오면 가설을 수정 또는 폐기한다.

과학적 방법론은 가설로부터 출발하여 실험을 통하여 가설 〈 모델 〈 학설 〈 법칙으로 확장한다.

2) 과학적 방법론의 적용

위에서 제시한 5단계가 실제로 어떻게 적용되는지 실생활에서 예를 들자면 다음과 같다.

- 1단계(관찰): 손전등이 작동하지 않는 것을 발견한다.
- 2단계(질문): '손전등이 왜 작동하지 않을까?'라는 질문을 제시한다.
- 3단계(가설): '손전등 배터리가 전력을 공급하지 않기 때문에 손전등이 작동하지 않는다.'라는 가설을 세웠다.
- 4단계(예측): '만약 손전등 배터리를 교체한다면 손전등은 다시 정상적으로 작동할 것이다.'라는 가설에 기반을 둔 예측을 하였다.
- 5단계(실험): 가설을 검증하는 실험을 하는 단계로 손전등 배터리를 교체하고 손전등이 작동하는지 확인한다. 만약 배터리 교체 후에 손전등이 작동하면 위의 3단계 가설이 성립된다. 가설이 명확하게 확립되도록 하려면 다른 여러 실험을 통하여 검증하도록 한다. 반면 배터리 교체 후에도 손전등이 작동하지 않으면 위의 3단계 가설은 수정 또는 폐기한다(그림 4-1).

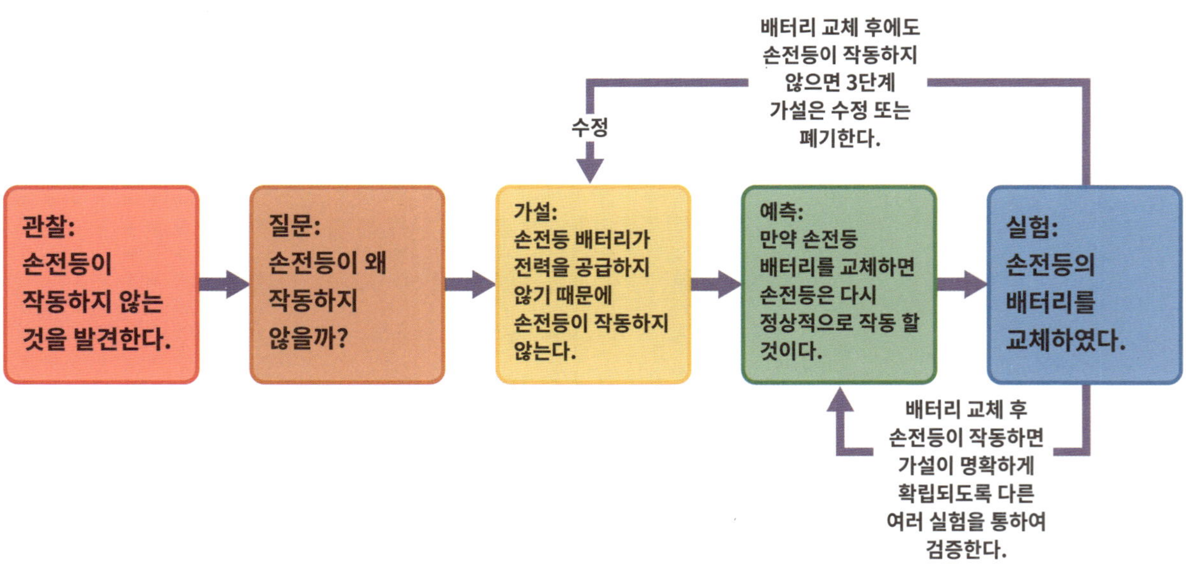

그림 4-1 과학적 방법론

2. 가설 검증

- 가설을 검증하기 위하여 실험을 수행한다. 실험은 가설을 증명하거나 또는 가설을 폐기할 수 있도록 계획되어야 한다. 과학적 방법론에서는 이론의 화려함보다는 이론을 바탕으로 한 예측이 실험을 통하여 검증되는 것이 무엇보다 중요하다.
- 실험은 가설을 직접적으로 테스트하거나 또는 수학과 논리를 통해 이끌어 낸 이론을 검증하는 과정이다. 실험이 필요하다는 것은 이론이 증명 가능하다는 의미이다. 실험적으로 증명이 불가능한 이론은 과학적 이론이라 할 수 없다.
- 과거부터 오랜 시간 동안 지속된 이론의 예측이 새로운 실험 결과와 불일치할 경우, 그 이론은 현실을 반영하지 못하므로 폐기되거나 또는 제한된 영역에서만 적용 가능하게 된다. 예를 들어 고전역학(뉴턴의 법칙)을 이용하면 많은 자연 현상을 설명할 수 있지만 고전역학은 아인슈타인의 상대성 이론을 설명할 수 없다. 상대성 이론의 실험은 고전역학 이론의 예측과 불일치한다. 따라서 고전역학의 적용 범위는 제한적이다.
- 실험의 오차(error)는 몇 가지 원인으로 발생한다. 첫 번째는 측정 도구의 한계로 인한 오차이다. 이러한 오차는 실제 수치보다 높거나 낮은 경우가 동일한 확률로 발생하기 때문에 무작위 오차(random error)라 한다. 두 번째는 특정한 방향성의 실험 결과를 의도적으로 산출하게 하는 비무작위적 오차(non-random error) 또는 체계적 오차(systematic error)이다.
- 모든 실험은 측정을 포함하며, 측정의 오차는 불가피하나 측정의 정확성과 오차의 범위를 정량적으로 기술하는 것이 중요하다. 오차의 범위를 제시하지 않은 측정은 무의미하다. 실험과 이론의 비교는 오차 범위 내에서 이루어진다.
- 과학자는 이론적 예측으로부터 얼마나 많은 표준편차가 발생하는지, 모든 체계적 오차와 무작위 오차가 고려되었는지를 통계적인 방법을 통하여 계속적으로 검증해야 한다.

3. 과학적 방법론 적용의 실수

- 서두에서 언급한 바와 같이 과학적 방법론은 실험의 결과에 미치는 과학자의 편견을 최소화하는 과정이다. 과학자는 가설 또는 이론을 검증할 때에 특정 방향성을 가진 결과를 선호할 수가 있다. 따라서 이러한 선호도가 실험 결과 또는 해석을 왜곡시키지 않도록 하는 것이 중요하다.
- 첫 번째, 가장 근본적인 실수는 실험 과정 없이 가설이 현상을 설명하는 것으로 오해하는 것이다. 상식 또는 논리에 의존하여 실험이 필요하지 않다고 믿는 실수를 범하게 된다.
- 두 번째, 또 다른 통상적인 실수는 가설을 뒷받침하지 않는 데이터를 무시하거나 제외하는 것이다. 실험자는 가설이 옳을 수도 있고 틀릴 수도 있다는 모든 가능성에 대하여 개방적인 자세를 가져야 한다. 때때로 과학자는 특정한 가설이 옳다는 신념을 가지고 가설을 뒷받침하는 실험 결과는 면밀하게 검토하지 않고 가설을 부정하는 실험 결과의 오류를 찾으려고 하는 경향을 나타낸다. 그러나 모든 실험 결과는 동일한 방식으로 검토되고 처리되어야 한다.
- 세 번째, 통상적인 실수는 체계적 오차 또는 모든 오차를 정량적으로 추정하는 것에 실패하는 데서 비롯된다. 많은 실험 결과가 새로운 현상을 포함하고 있음에도 불구하고 과학자는 이를 체계적 오차로 분류하는 경우가 많다. 반대로 새로운 발견이라고 주장하는 많은 실험 결과가 체계적 오차에 기인한 경우이다.
- 왜곡된 실험 결과는 다른 과학자의 실험 반복 등의 검증 과정을 거쳐서 취소된다. 다른 종류의 실험 방법은 각각 다른 종류의 체계적 오차를 포함하고 있으므로 수년에 걸친 다양한 실험 방법의 검토를 통하여 과학자 간의 합의를 이끌어 낸다.

4. Hypothesis, Model, Theory, Law

- 자연 현상을 설명하는 지식의 발달은 가설(hypothesis), 모델(model), 학설(또는 이론, theory), 법칙(law)의 단계로 발전, 확장된다.

1) 가설

- 가설은 특정한 조건에서 원인과 결과를 제한적으로 기술한 것이다. 가설은 실험을 진행하기 전이나 새로운 현상을 예측하기 전 지식 상태를 말한다.
- 예를 들어 일상 생활에서 자동차가 움직이지 않는 것을 발견했다고 가정하자. 이때 '배터리가 방전되어서 차가 움직이지 않을 것이다.'라고 생각할 수 있다. 이것이 첫 번째 가설이 된다. 가설을 검증하기 위하여 자동차의 헤드라이트가 켜져 있는지 또는 시동을 걸 때 엔진이 이상한 소리를 내는지를 검사할 수 있다. 배터리 말단의 전압을 측정한다면 가장 직접적으로 가설을 검증할 수 있을 것이다. 만약 배터리가 정상이라면 위의 가설은 수정 또는 폐기되어야 한다. '자동차 시동 모터가 고장났을 것이다.' 등이 새로운 가설이 될 수 있다.

2) 모델

- 모델은 성립하는 데에 필요한 최소한의 조건을 만족하여 타당성을 획득한 가설을 뜻한다.
- 예를 들어 보어(Bohr)의 원자 모델은 전자가 핵 주위의 원형 궤도를 공전하는 것으로 묘사하였으며 이는 태양계와 유사하다. 보어(Bohr) 모델이 원자의 회전 모멘텀 등을 정확하게 묘사하지는 않지만 수학적으로 양자화된 에너지를 정확하게 설명한다.

3) 학설 및 법칙

- 학설 또는 법칙은 많은 연계된 가설들이 실험 과정을 통하여 입증되었을 때 확립된다. 학설과 법칙으로 확립된 과학적 지식은 과학자가 자연을 이해하는 도구의 일부분이 되며, 불명확한 지식의 영역을 탐구하는 바탕이 된다.
- 과학자들은 새로운 과학적 발견을 기존 학설의 구조 안에서 이해하려 하기 때문에 학설은 쉽게 폐기되지 않는다. 수많은 반복 실험을 통하여 찾아낸 새로운 현상이 기존 학설로 설명되지 않을 때에 기존 학설은 수정되거나 폐기된다.
- 과학적 사고와 학설의 변화는 세계를 바라보는 우리의 시각에 혁명적 변화를 가져온다. 과학적 방법론을 구성하는 핵심은 실험을 강조하는 데에 있다.

5. 과학적 방법론 연습문제

1) 좋은 가설의 구성 요소

- 좋은 가설은 선언적 문장 형태로 구성된다. 의문형 문장은 좋은 가설이 될 수 없다. 예를 들어 '수영 선수는 육상 선수보다 체력적으로 강한가?'라는 가설은 좋은 가설이 아니다. 이를 선언적 문장 형태로 바꾼 '수영 선수는 육상 선수보다 체력적으로 강하다.'와 같은 문장 형태가 좋은 가설이다.
- 좋은 가설은 변수 간의 예상되는 관계를 명확히 설정한다. 예를 들어 '부모와 함께 일주일에 3시간의 독서 시간을 갖는 학생은 읽기 점수가 부모와 독서 시간을 갖지 않는 학생의 점수보다 높다.' 라는 가설은 독서 시간과 읽기 점수라는 변수 간의 예상되는 관계를 명확하게 설정하고 있다.
- 좋은 가설은 기존의 학설이나 법칙에 기반을 둔다. 예를 들어 위의 독서가 읽기 점수를 향상시킨다는 가설은 '독서를 많이 하는 것은 읽기 점수를 향상시키는 한 가지 방법이다.'라는 학설에 기반을 둔다.
- 좋은 가설은 간결하고 명료해야 한다. 특히 연구를 위한 가설은 변수 간의 관계를 직접적이고 명료하게 설정해야 한다.
- 좋은 가설은 검증 가능해야 한다. 이는 가설이 함축하고 있는 질문을 검증할 수 있어야 한다.
- 마지막으로 좋은 가설은 위에서 정리한 요소를 이해하기 쉽게 통합적으로 구성되어야 한다. 좋은 가설은 가설을 통하여 연구의 방향과 실험을 예측할 수 있도록 구성되어야 한다.

2) 다음의 연습문제에서 제시한 내용에 따라 과학적 방법론 흐름도(flow chart)를 작성하고 과학적 방법론의 단계를 명확하게 이해한다. 특히 논문을 읽을 때에 저자가 어떠한 가설을 세우고 실험을 통하여 가설을 검증하였는지를 이해하도록 한다.

연습문제 1

1단계(관찰): 핸드폰의 무선 인터넷이 작동하지 않는 것이 관찰되었다.

2단계(질문): ______________________________

3단계(가설): ______________________________

4단계(예측): ______________________________

5단계(실험): ______________________________

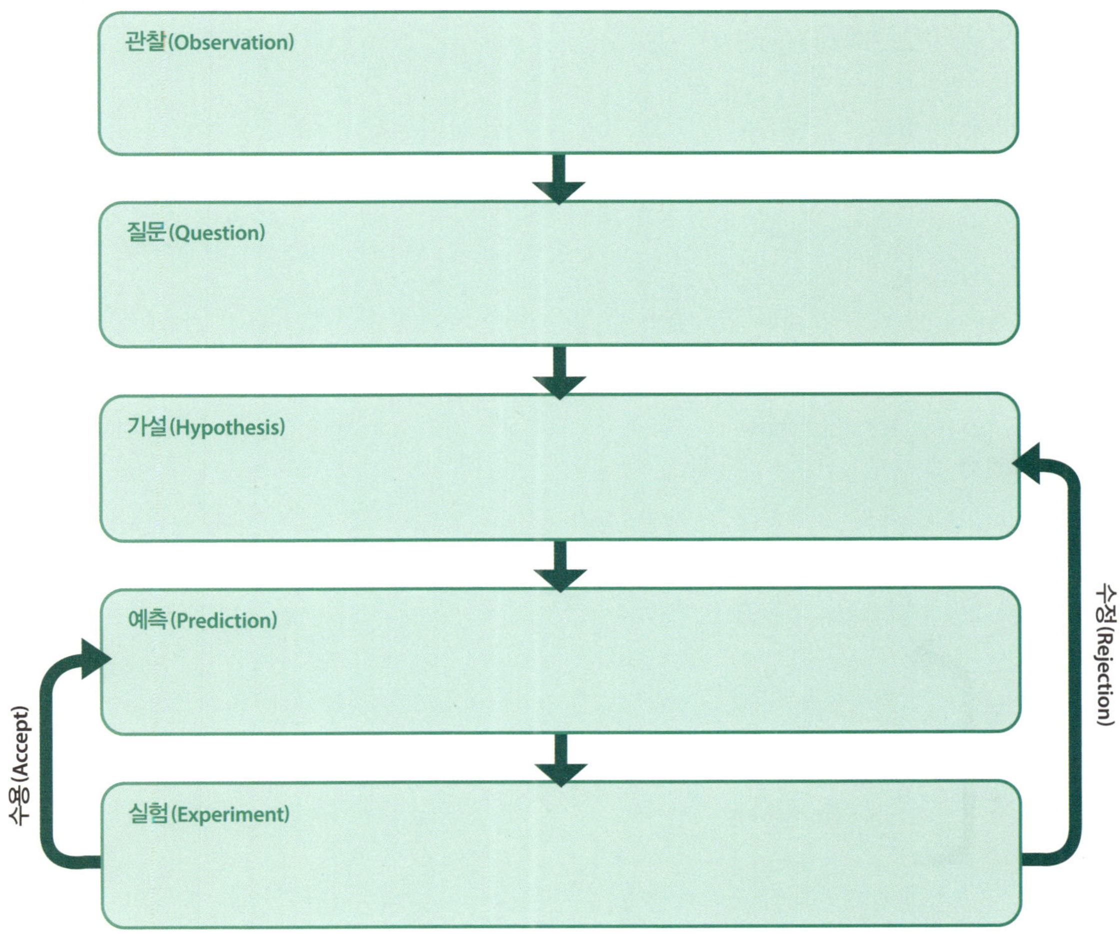

연습문제 2

1단계(관찰): 야생종 토마토는 재배용 토마토보다 훨씬 크기가 작다.

2단계(질문): ______________________________

3단계(가설): ______________________________

4단계(예측): ______________________________

5단계(실험): ______________________________

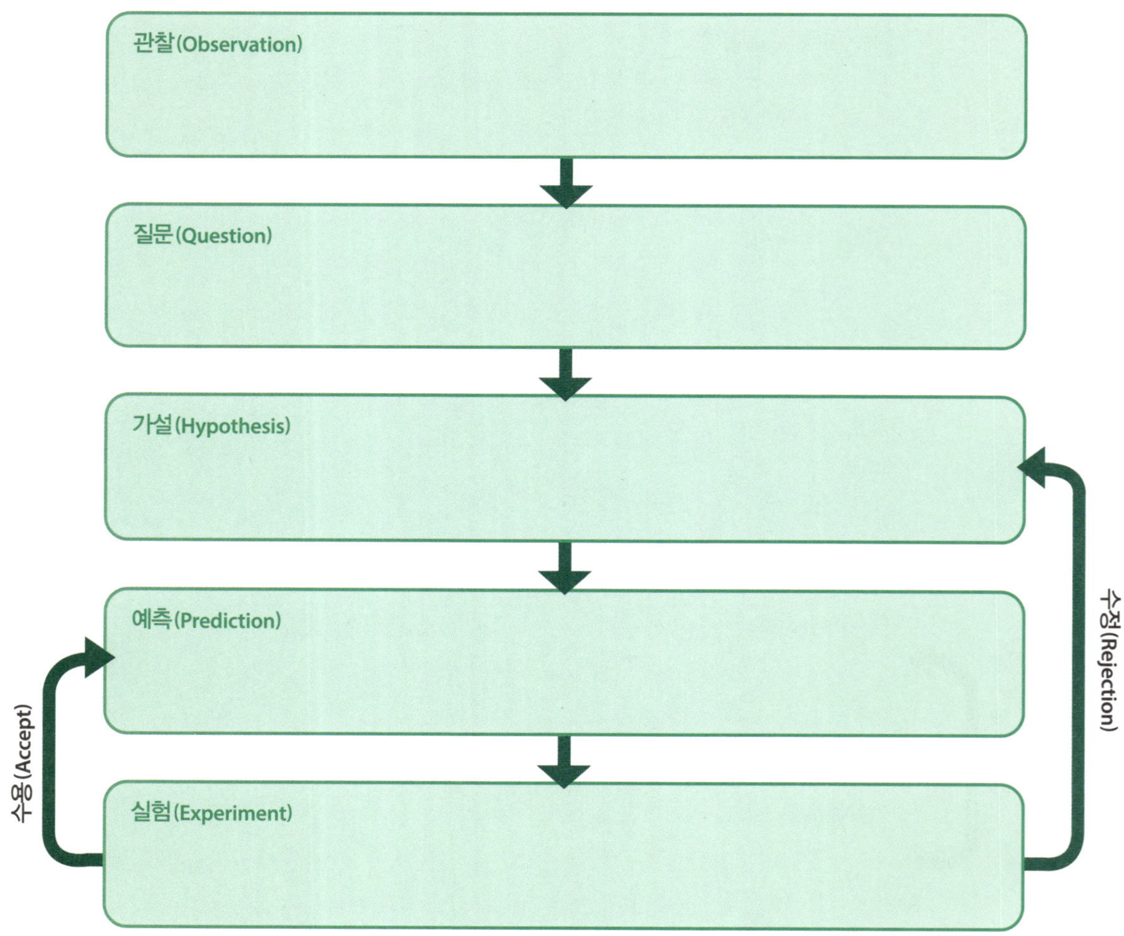

연습문제 3

1단계(관찰): 핵자기공명영상법(magnetic resonance imaging: MRI)으로 인간의 뇌를 측정한 결과 나이가 들수록 뇌가 수축하는 현상이 관찰되었다. 30~90세 사이에 약 20%의 뇌가 수축하였으며 특히 수축은 기억과 학습을 담당하는 영역에서 발생하였다. 기존의 학설에 의하면, 운동은 기억력과 학습능력이 퇴보하는 것을 방지하는 데에 효과가 있다고 한다.

2단계(질문): ______________________________

3단계(가설): ______________________________

4단계(예측): ______________________________

5단계(실험): ______________________________

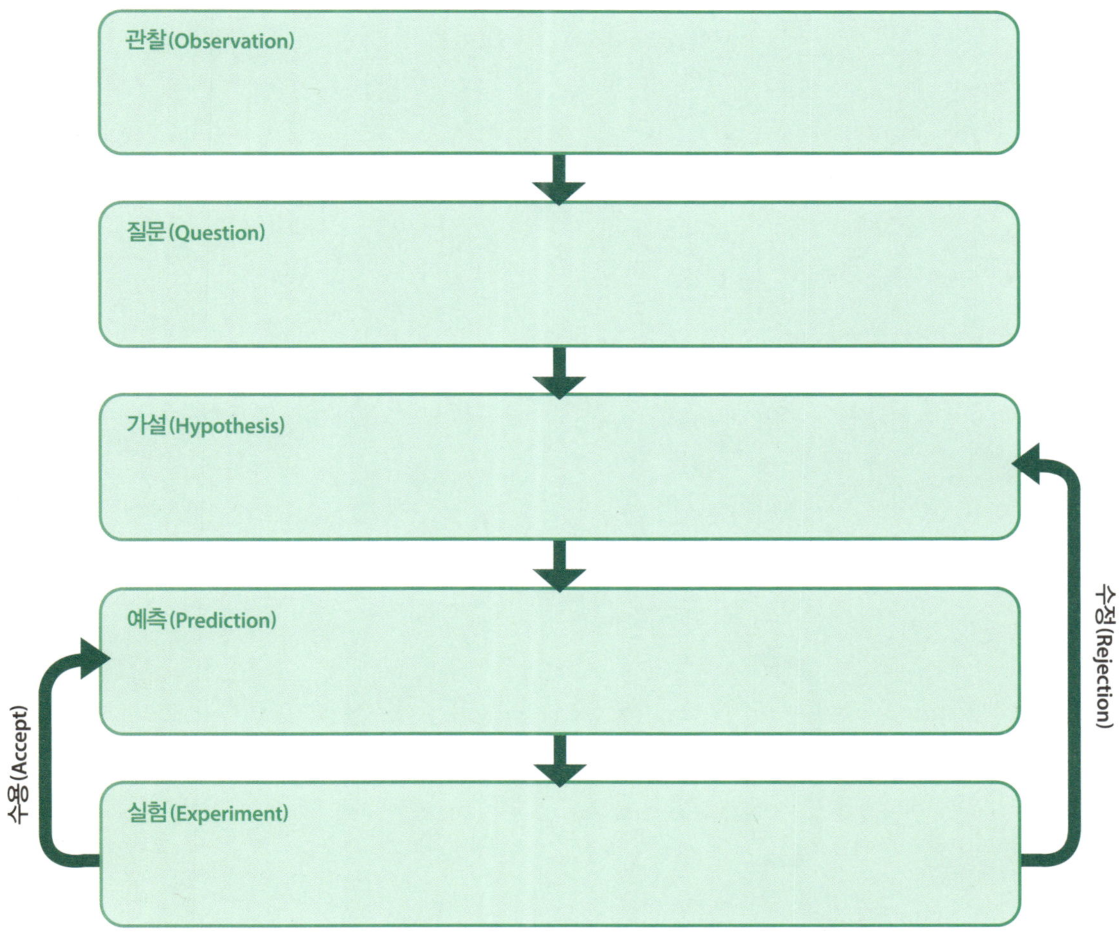

연습문제 4

1단계(관찰): 쥐를 이용하여 미로(maize)에서 길 찾기 실험을 진행하였다. 쥐가 길 찾기에 성공할 때마다 음식으로 보상하거나(food reward) 보상을 하지 않았다(no reward). 쥐가 6일간 미로에서 길을 찾는 데 걸린 시간을 측정한 결과는 다음 그래프와 같다(그림 4-2).

2단계(질문): ______________________________

3단계(가설): ______________________________

4단계(예측): ______________________________

5단계(실험): ______________________________

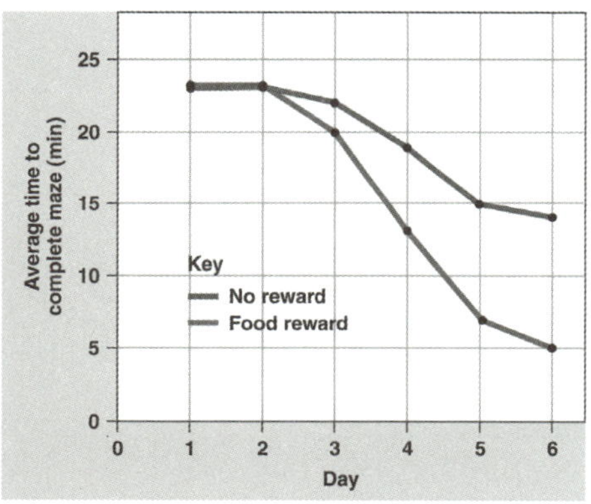

그림 4-2 쥐의 미로 실험

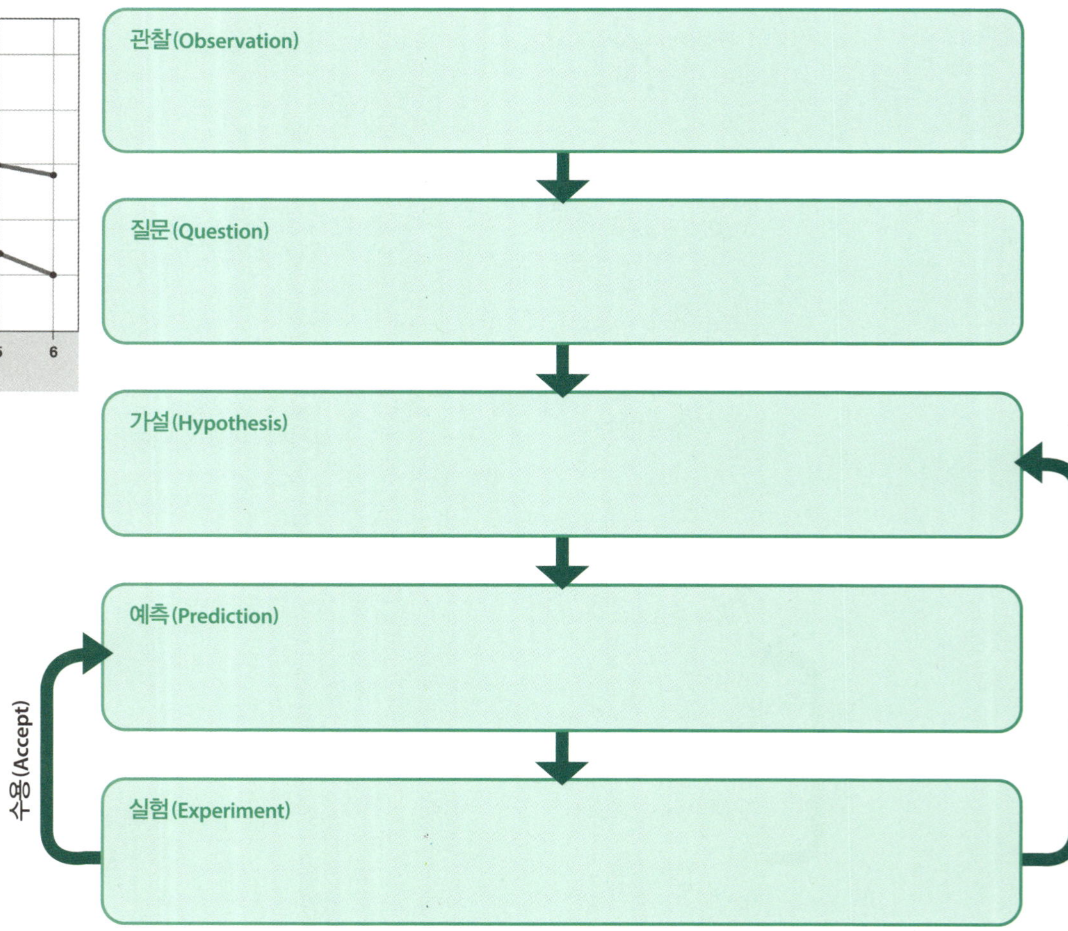

연습문제 5

1단계(관찰): 유당불내증(lactose intolerance)은 우유를 섭취하였을 때 우유를 제대로 소화시키지 못하는 증상이다. 유당(lactose)은 인체 내에서 유당분해효소인 락타아제(lactase)에 의하여 분해된다. 유당불내증을 겪는 사람과 정상인의 락타아제 유전자 서열을 비교한 결과 동일한 유전자 서열이 관찰되었다.

2단계(질문): ______________________________

3단계(가설): ______________________________

4단계(예측): ______________________________

5단계(실험): ______________________________

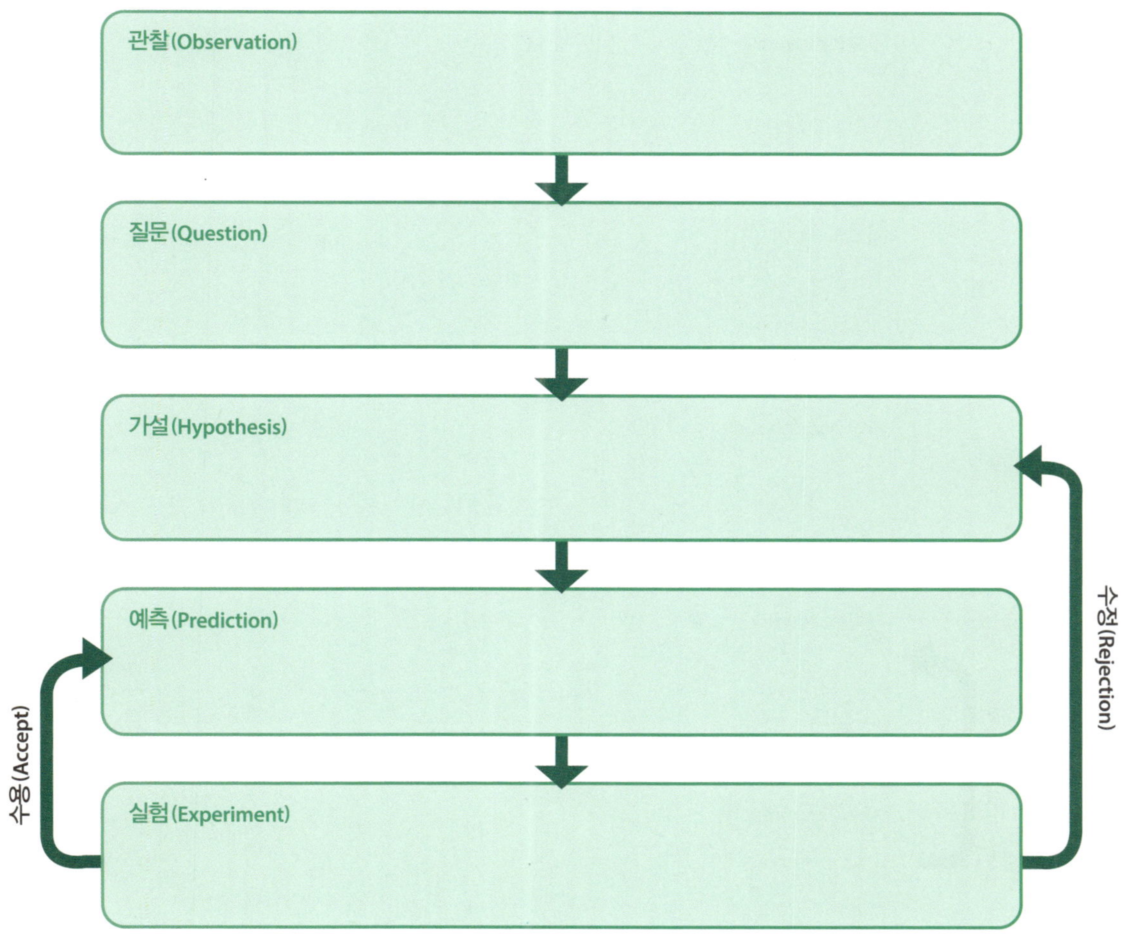

연습문제 6

1단계(관찰): 효소는 단백질(protein)이며, DNA에 저장되어 있는 유전자 정보의 산물(gene product)이다. 많은 종류의 효소의 유전자 서열을 분석한 결과 효소를 만드는 유전자는 오랜 시간에 걸쳐 분자 진화(molecular evolution)의 과정을 겪어서 형성되었다. 분자 진화는 하나의 동일한 조상을 가지는 유전자가 무작위로 복제되고 돌연변이 발생을 통해 각각 다른 기능을 가지는 효소로 분화되는 과정이다.

2단계(질문): ______________________________

3단계(가설): ______________________________

4단계(예측): ______________________________

5단계(실험): ______________________________

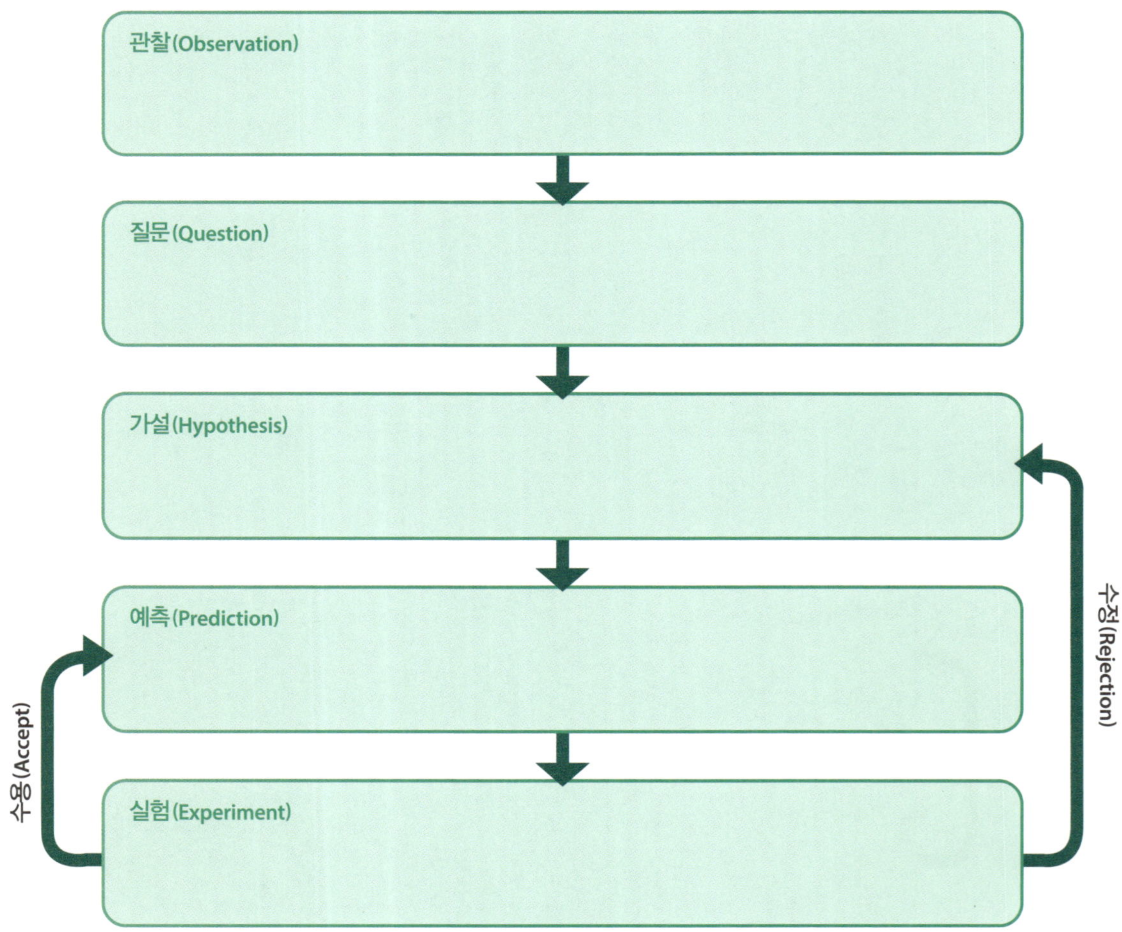

연습문제 7

1단계(관찰): 힐(A. V. Hill)은 1922년에 근육 연구를 통하여 노벨상을 수상했다. 힐은 무산소성 상태(anaerobic condition)에서 근육이 젖산(lactic acid)을 생산하는 것을 관찰하였다.

2단계(질문): ______________________________

3단계(가설): ______________________________

4단계(예측): ______________________________

5단계(실험): ______________________________

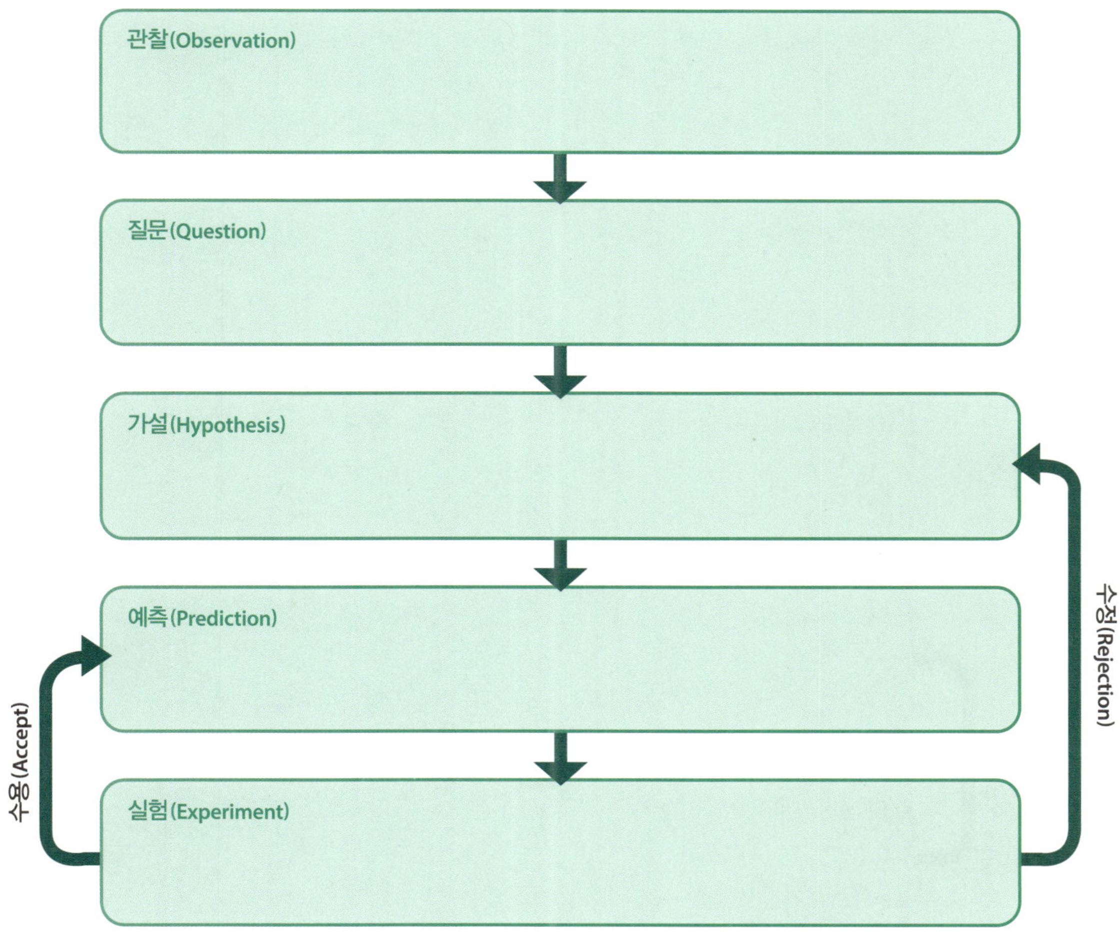

연습문제 8

1단계(관찰): 1833년 독일 생물학자 엥겔만(Theodor Engelmann)은 호수에서 산소 농도가 높은 지역에 특정 미생물이 군집하여 서식하는 것을 관찰하였다. 그는 프리즘에 빛을 통과시키면 빛이 여러 가지 파장(다른 색)으로 분리된다는 것을 이미 알고 있었다.

2단계(질문): ______

3단계(가설): ______

4단계(예측): ______

5단계(실험): ______

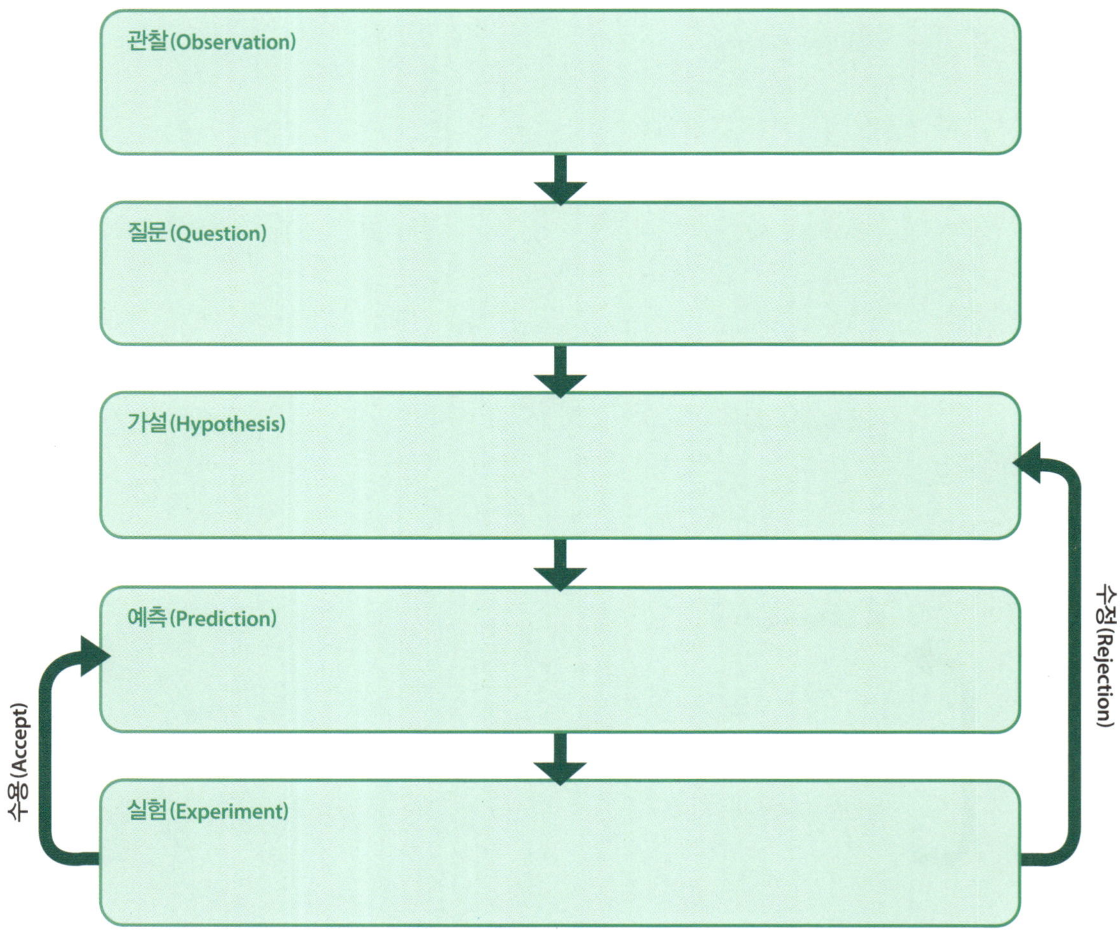

연습문제 9

1단계(관찰): 매년 겨울이 오기 전 보건복지부에서는 19세 이하 청소년 및 어린이, 50세 이상의 노약자에게는 독감 백신을 접종할 것을 권유한다. 질병학자의 관찰에 의하면 노인층의 백신 접종률은 1980년의 15%에서 1996년에는 65%로 증가하였다.

2단계(질문): ______________________________

3단계(가설): ______________________________

4단계(예측): ______________________________

5단계(실험): ______________________________

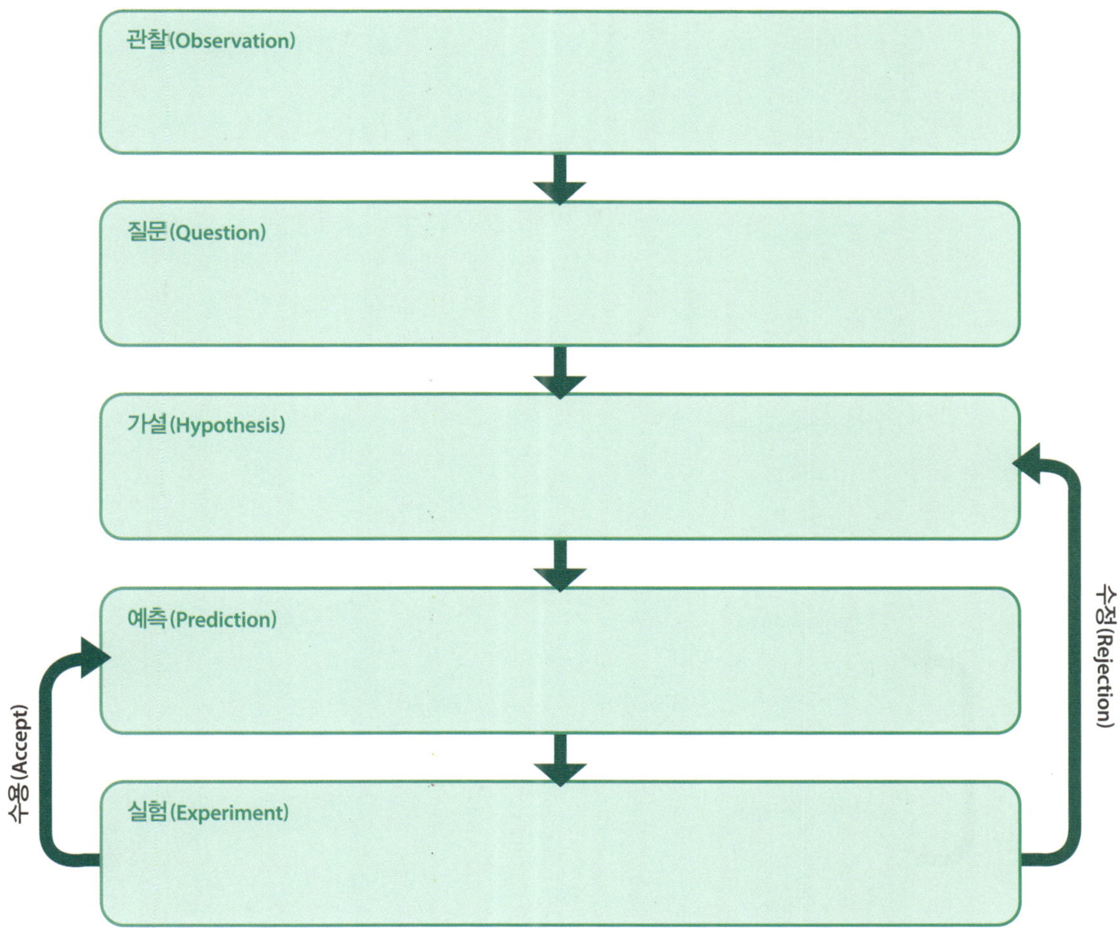

연습문제 10

1단계(관찰): 텍사스 주립대 연구진은 생물체에서 새로운 감각의 기원을 찾고자 아프리카와 남아메리카에 서식하는 전기가오리 2종을 연구하였다. 전기가오리는 근육을 수축하는 대신에 특수한 이온 채널 단백질을 이용하여 전기를 생산한다. 전기가오리 2종은 전기를 이용하여 신호를 전달하고 먹이를 찾는 데에 사용한다. 그러나 2종의 가오리가 전기를 방전하는 방식에는 상당한 차이가 있는 것이 관찰되었다.

2단계(질문): ______________________________

3단계(가설): ______________________________

4단계(예측): ______________________________

5단계(실험): ______________________________

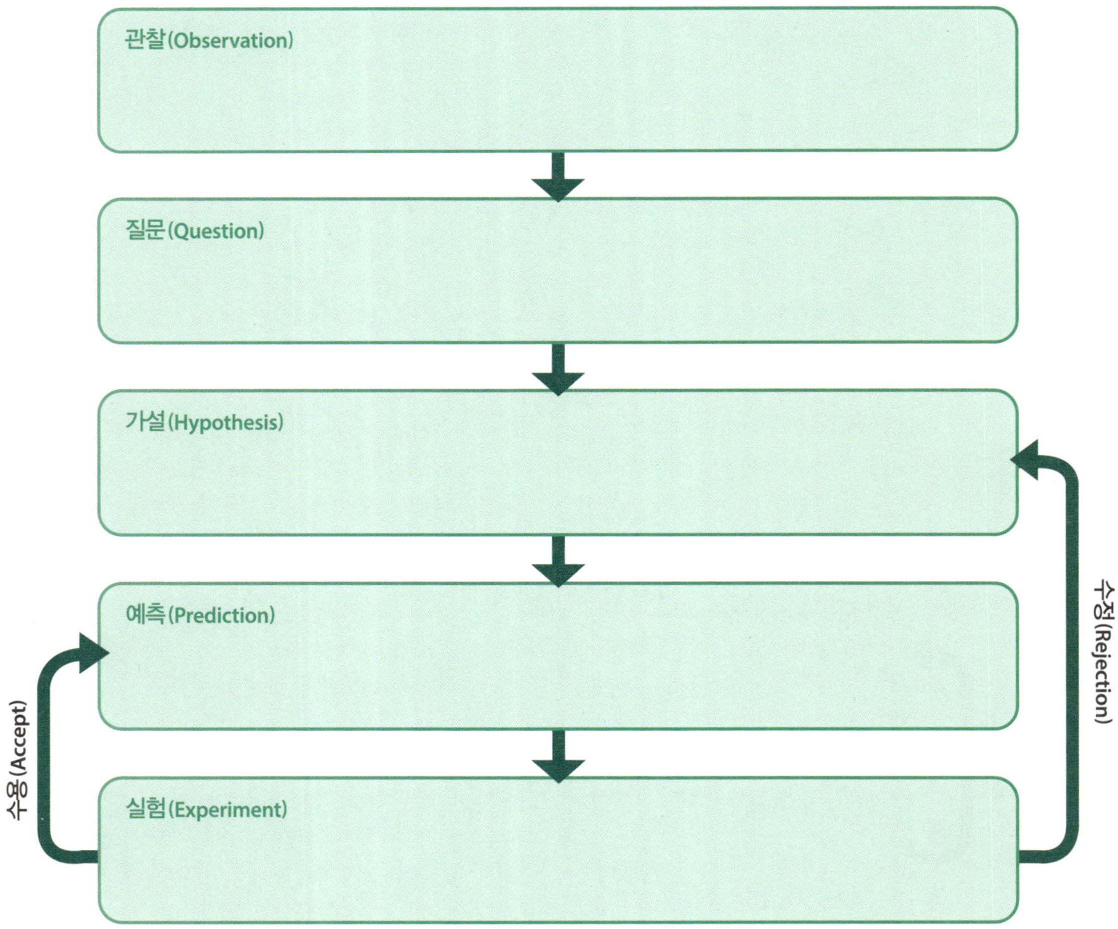

참고하면 좋을 자료

Eric J. Simon, Jean L. Dickey & Jane B. Reece (2019). *Campbell Essential Biology with Physiology*, 6th ed. Pearson

미국 대학교의 저학년 교재로 가장 많이 사용되는 일반생물학 입문서이다.

https://www.youtube.com/watch?v=Pp9Vnp3LDtE

Introduction to the scientific method: 과학적 방법론 기초에 대한 개괄적 설명이 있는 동영상이다.

2. 미생물 동정(Identification of bacteria)

- 미생물의 판별 및 분류를 위해서 16S rRNA 유전자(gene)의 서열을 이용한다.
- 16S rRNA 유전자는 16S rDNA라고도 표기하지만 ASM(American Society for Microbiology)의 권장명은 16S rRNA 유전자이다.
- 분류계통학(taxonomy)상 전통적인 분류 방법은 표현형적 특성의 유사점과 다른 점을 비교하여, 원핵생물(prokaryotes)과 진핵생물(eukaryotes)로 나누는 것이었다. 그러나 PCR과 DNA 서열 분석법이 발명되고, Carl Woese 등이 미생물의 16S rRNA 유전자, 진핵생물의 18S rRNA 유전자를 이용하여 현재의 분류법인 3도메인 시스템인 Archaea, Bacteria, Eukarya을 확립하였다(그림 4-3).

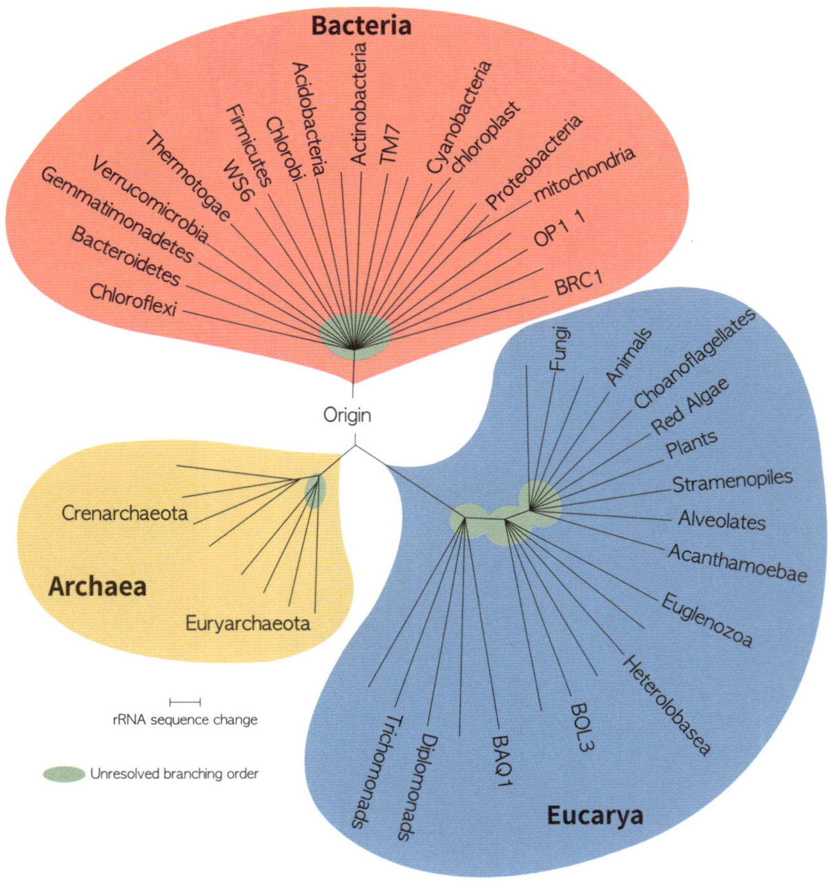

그림 4-3 3도메인 시스템(Three domain system)

- 16S rRNA는 원핵생물의 30S rRNA를 구성하는 일부이며, 보존적인 염기 서열을 포함하고 있다. 16S rRNA 유전자는 1,543bp의 길이이다. 대부분의 미생물에 공통적으로 존재하는 보존적인 염기 서열을 이용한 프라이머(primer)를 이용하여 전체 유전자를 클로닝하거나 또는 유전자 앞부분의 500bp를 클로닝한다. 클로닝한 유전자의 DNA 서열을 분석하여 미생물을 동정한다.
- 16S rRNA 유전자의 DNA 서열을 비교, 분석하여 *Bacillus*(속명) *subtilis*(종명)와 같이 미생물의 속명과 종명을 밝혀낼 수 있다.
- 16S rRNA 유전자는 새로운 미생물 종의 발견 및 동정 또는 분류계통학에 널리 이용된다.
- 미생물 동정 실험의 전체 개요는 그림 4-4와 같다.

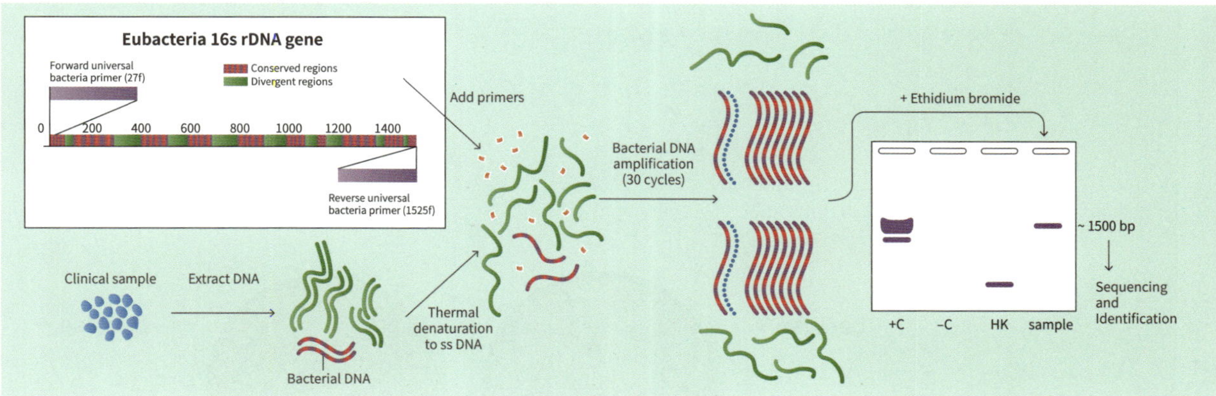

그림 4-4 미생물 동정 실험의 전체 흐름도

1. 미생물 배지 및 배양 환경

- 미생물의 배양을 위해서는 미생물의 생장에 필요한 영양분(nutrient)과 생장 환경에 맞는 온도, 산소 공급, 빛, pH 등을 배지 및 배양 환경에서 제공해야 한다.
- 특정 시료에 존재하는 것으로 추정되는 미생물을 배양하기 위하여, 먼저 미생물을 최대한으로 성장시켜야 한다.
- **Enrichment media**는 필수 영양성분이 풍부하게 포함되어 있고, 미생물의 생장을 억제하는 물질이 거의 포함되지 않은 배지이다.
- **Selective media**는 특정 미생물 종만을 배양하기 위하여 사용된다. Selective media의 조성에는 항생제 첨가, 특정 아미노산 결핍, EMB(eosin Y & methylene blue) 색소가 첨가된다. 이러한 종류의 배지에는 EMB agar(eosin-methylene blue gar), MacConkey agar(MCK), BCYE(Buffered charcoal yeast extract agar), MSA agar(Mannitol salt agar),

Hektoen enteric agar(HE), Thiosulate citrate bile sucrose(TCTS) 배지 등이 있다.

- **Differential media**는 동일한 배지에서 성장하는 미생물 종을 다른 미생물 종과 구별하는 데 사용되는 배지이다. 콜로니(colony)의 색, 형태, 성장 패턴 등을 통하여 미생물을 구별한다(그림 4-5). 콜로니는 세포 한 개가 분열하여 군집을 형성한 것이다. 따라서 콜로니 내의 모든 세포는 유전적으로 동일한 미생물이다.
- 위의 배지를 순차적으로 사용하여 미생물을 분리한 후, 미생물의 판별을 위해서 전통적으로 그람 염색법(gram staining) 및 각종 생화학적 분석 실험을 수행하였다.
- 본 실험에서는 미생물 동정을 위하여, PCR과 생물정보학 도구를 사용하도록 한다.

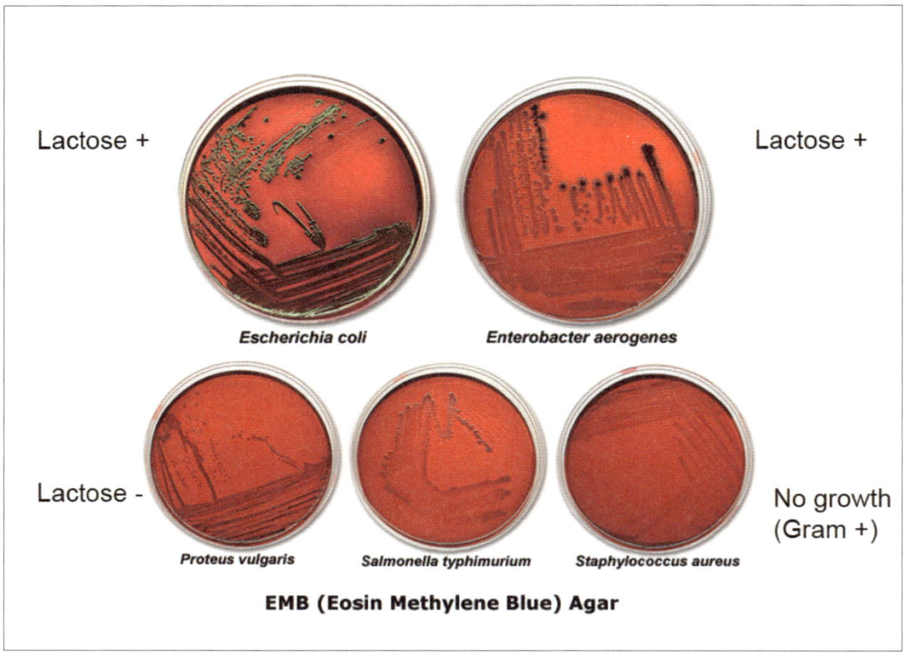

그림 4-5 Differential media의 콜로니를 이용한 미생물 종 구별 예시

2. 미생물 채집 및 배양 실험 방법

1) 배지(media)의 제조

- 대부분의 배지는 파우더 형태로 공급된다. 제공된 배지 제조법에 따라 증류수에 적정량의 파우더를 섞은 후 오토클레이브(autoclave)로 멸균 처리한다(121°C, 15분). 한천(agar) 배지는 배지의 온도가 50°C 정도에서

페트리 디시에 부어서 고체화될 때까지 기다린다. 고체화된 배지는 랩으로 포장하여 4°C에서 수개월간 보관이 가능하다. 고체 배지를 함유한 페트리 디시를 보관할 때에는 뚜껑이 밑으로 가도록 뒤집어서 보관하여 수분의 증발을 막는다.

2) 미생물의 채집 및 배양

- 미생물을 검출하고자 하는 대상을 학교 주변의 생활 환경(기숙사 침대, 화장실, 핸드폰, 이어폰, 신발, 흙, 고인 물 등등)에서 선정한다.
- 면봉으로 검출 대상을 문질러서 시료를 모은 후 멸균된 nutrient 액체 배지(broth)에 잘 녹인다.
- 시료를 함유한 nutrient 액체 배지를 37°C 에서 하룻밤 진탕배양한다.
- Streaking method를 이용하여 nutrient agar 배지를 함유한 페트리 디시에 도말한다(그림 4-6).
- 37°C 에서 하룻밤 배양한 후 콜로니의 형성을 사진을 찍고 관찰한다.
- 콜로니를 멸균된 루프(loop)로 찍어서 슬라이드 글라스에 옮겨서 현미경으로 미생물의 형태를 관찰, 기록한다. 콜로니를 멸균된 루프로 찍어서, 액체 배지에 옮긴다. 액체 배지를 37°C에서 하룻밤 진탕 배양한다.

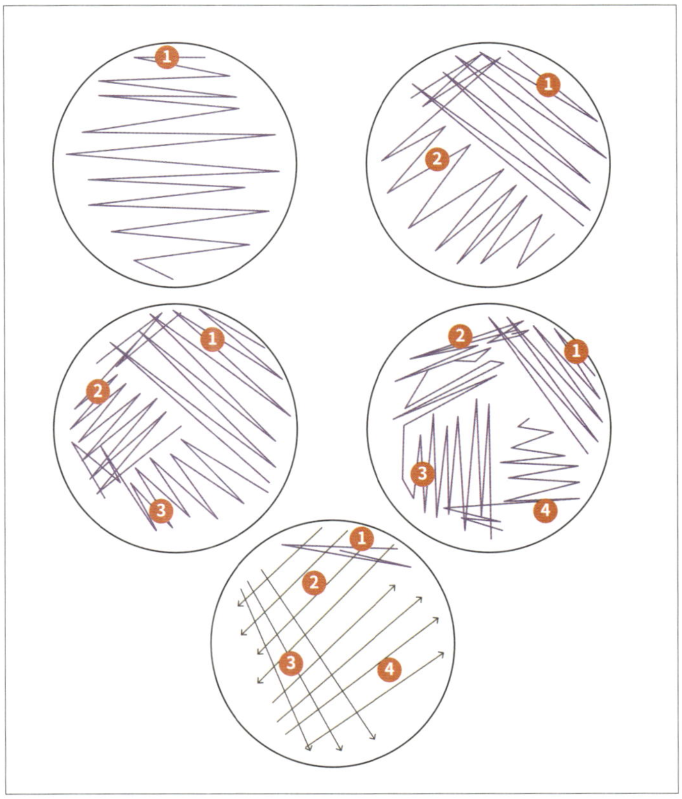

그림 4-6 다양한 streaking method

3. Total DNA 분리 및 정제

1) Reagents

- 5M Ammonium acetate
- 1.5mL 미생물 배양액 또는 10^6개 이상의 동물세포
- Chloroform
- Ethanol (70%, 95%)
- Isopropanol
- 5M Nacl
- Plenol: Chloroform (1:1, v/v)
- Proteinase K (20 mg/mL in TE, pH 7.5)
- Ribonuclease A (5mg/mL in TE, pH 8.0)
- SDS (10%, w/v)
- TE (pH 8.0)

2) Equipment

- 자외선-가시광선 흡광도기 (UV-Vis. spectrophotometer)
- 주사기 (26 gauge)
- 37°C 항온수조

3) Procedure

① 1.5 mL 미생물 배양액 또는 10^6개 이상의 동물세포를 1.5 mL tube에 넣어 원심분리한 후 상층액을 제거하여 pellet을 만든다.

② 400μL TE(pH 8.0)를 첨가하여 vortex 등을 이용하여 잘 섞는다.

③ 50μl 10% SDS, 50μl Proteinase K (20 mg/mL in TE, pH 7.5)를 첨가한 후 37°C에서 1시간 동안 배양한다.

④ 분해된 세포는 매우 끈적한 물질로 변화한다. 주사기 (26 gauge)를 이용하여 3~5회 분해된 세포를 통과시킨다. 거품이 생기지 않도록 주의한다.

⑤ 500μl phenol: chloroform (1:1, v/v)을 첨가하여 가볍게 vortexing 한다.

⑥ 두 개의 층이 분리된 상태에서 상층부만 새로운 1.5 mL tube에 옮긴다. 5~6의 과정을 2번 반복한다.

⑦ 500μl의 chloroform을 넣어 가볍게 vortexing한 후 상층액만 새로운 1.5 mL tube에 옮긴다.

⑧ 25μl 5M NaCL과 1 mL 95% ethanol을 첨가하고 가볍게 vortexing 한 후 10분간 원심분리 한다.

⑨ 흰색 침전물이 손실되지 않도록 상층액을 피펫으로 조심스럽게 분리하여 버린다. 하얀색 침전물이 DNA이다.

⑩ 1.5 mL tube을 뚜껑을 열어서 클린 벤치에서 15분간 건조한다.

⑪ 100μl TE (pH 8.0)과 5μl ribonuclease A (5 mg/mL in TE, pH 8.0)을 첨가한 후 37°C에서 약 30분간 배양한다.

⑫ 40μl 5M ammonium acetate와 250μl isopropanol을 첨가하여 가볍게 vortexing 한 후에 1.5 mL tube의 뚜껑을 닫고 10분간 상온에 배양한다.

⑬ 10분간 원심 분리하여 바닥에 생성된 흰색 침전물을 70% ethanol로 2회 세척한다.

⑭ 클린 벤치에서 15분간 건조 한 후에 100μl TE (pH 8.0)를 첨가한 후에 1/10로 희석하여 260 nm 에서 흡광도를 측정한다.
(1 OD_{260} = 50 mg/mL DNA)

4. PCR 및 DNA 전기영동

① 위에서 준비한 주 염색체 DNA(genomic DNA)를 정량하여 PCR 반응시킨다('PART 2, 2. 프라이머 제작'). PCR tube 3개를 준비하여 다음과 같이 구성한다.

Components	Tube #1 (Experimental)	Tube #2 (Positive Control)	Tube #3 (Negative Control)
Genomic DNA	50~100ng	50~100ng	0
10× *Taq* buffer	2.5μL	2.5μL	2.5μL
$MgCl_2$(25mM)	1.5μL	1.5μL	1.5μL
dNTPs(10mM)	0.5μL	0.5μL	0.5μL
Each primer(10μM)	0.5μL(18S rDNA)	0.5μl(GAPDH)	0.5μl(18S rDNA)
ddH_2O	to 24.75μL	to 24.75μL	to 24.75μL
Taq polymerase	0.25μL	0.25μL	0.25μL

② PCR에 사용되는 각각의 primer set와 예상되는 PCR 결과물의 길이는 다음과 같다.

Primer Name	Primer Sequence	PCR 결과물 예상 길이
Forward universal primer(27F) Reverse universal primer(1492R)	5'-AGAGTTTGATC**M**TGGCTCAG-3' 5'-GG**Y**TACCTTGTTACGACTT-3'	1,465bp
Forward GP3DH primer Reverse GP3DH primer	5'-ACCACAGTCCATGCCATCAC-3' 5'-TCCACCACCCTGTTGCTGTA-3'	452bp

※M은 아데닌(adenine: A) 또는 시토신(cytosine: C), Y는 피리미딘(pyrimidine: C 또는 T)

③ PCR tube를 유전자 증폭기(thermal cycler)에 넣고 35cycle을 반복하여 반응시킨다('PART 1, 4. 실험장비 사용법').

④ 1% 아가로스 젤(agarose gel)을 준비하여 DNA 전기영동을 수행한다('PART 1, 4. 실험장비 사용법').

⑤ UV 트랜스일루미네이터(UV transilluminator)에서 PCR 결과물의 길이를 확인하여 예상 길이와 비교한다. 5. PCR 결과물 정제

5. PCR product purification

(Gel & PCR purification kit, Biofact Cat. No. GP104-100)

① 위의 PCR 결과물이 예상 길이와 유사하다면 아가로스 젤에서 PCR 결과물을 추출하여 DNA 서열을 밝혀내야 한다.

② 아가로스 젤에서 정제된 DNA를 포함하는 젤 부분을 면도칼을 이용하여 잘라낸다.

③ 잘라낸 젤을 작은 조각으로 절단하여 마이크로튜브에 담고 무게를 측정한다.

④ 잘라낸 젤 중량의 3배 부피의 UB buffer를 첨가한 후 60℃에서 10분간 반응시킨다. 반응 중간에 보텍싱(vortexing)한다.
(예를 들면, 100mg의 젤에 300μL의 UB buffer 첨가)

⑤ 젤이 완전히 녹은 후 젤 부피만큼의 100% 이소프로판올(isopropanol)을 첨가한다.
(예를 들면, 약 400μL의 100% 이소프로판올 첨가)

⑥ Spin column을 2mL collection tube에 장착한다. Superbinder

solution 100μL를 넣고 10,000rpm에서 1분간 원심분리한 후 내려간 용액은 버린다.

⑦ WB buffer(80% 에탄올 함유) 750μL을 column에 넣고 10,000rpm에서 30초간 원심분리한 후 내려간 용액은 버린다. 이 과정을 한 번 더 반복한다.

⑧ 10,000rpm에서 3분간 원심분리하여 WB buffer를 완전히 제거하고 column을 새로운 마이크로튜브에 장착한다.

⑨ 30~50μL의 EB 또는 증류수를 column의 정가운데에 떨어뜨린 후 1분간 반응시킨다.

⑩ 10,000rpm에서 1분간 원심분리하여 DNA를 추출한 후 자외선 흡광도기(UV spectrometry)로 농도를 측정한다.

6. DNA 서열 분석(DNA sequencing) & BLAST

① 위에서 정제한 PCR 결과물과 PCR에 사용한 각각의 프라이머(primer)를 준비하여 DNA 서열 분석 회사에 택배로 보낸다.

② 2~3일 후에 이메일로 도착한 PCR 결과물의 DNA 서열 정보를 이용하여 BLAST를 수행한다('PART 2, 1. 유전자의 염기서열 정보' 참고). BLAST 검색을 통하여 가장 유사한 16S rRNA 유전자를 가진 미생물 속명과 종명을 검색한다.

7. 실험 보고서 작성 및 제출

- 위의 일련의 프로젝트 과정을 실험 보고서로 작성하여 제출한다.

참고하면 좋을 자료

Lippincott Williams & Wilkins. (1994). *Bergey's Manual of Determinative Bacteriology*, 9th ed. LW & W
미생물의 형태, 생화학적 요구, 성장 환경 등을 체계적으로 정리한 미생물 분류학 책이다.

Versalovic J. et al. (2013). *Manual of Clinical Microbiology*, 10th ed. ASM Press
병원성 미생물 분류학 책이다.

Jill E. Clarridge III (2004). "Impact of 16S rRNA Gene Sequence Analysis for Identification of Bacteria on Clinical Microbiology and Infectious Diseases: 16S rRNA." *Clinical Microbiology Reviews*, Oct. pp. 840-862.
https://doi.org/10.1128/cmr.17.4.840-862.2004
16S rRNA 분석이 미생물 동정과 미생물 분류학에 미친 영향을 체계적으로 분석한 리뷰 논문이다.

Shin, Y. et al. (2011). "The Laboratory Diagnosis of Melioidosis in a Korean Patient." *Journal of Bacteriology & Virology*, 41, pp. 19-25.
https://naver.me/GUmkVPdo
새로운 병원성 미생물을 발견, 동정한 과정을 정리한 논문이다. 실험 보고서 작성시에 형식과 내용을 참고하면 도움이 된다.

실험 요약 및 정리 2

미생물 동정(Identification of bacteria)

분반 ____________ 조번호 ____________ 이름 ____________

실험 요약 및 정리 2

미생물 동정(Identification of bacteria)

분반 ______________ 조번호 ______________ 이름 ______________

실험 요약 및 정리 2

미생물 동정(Identification of bacteria)

분반 ____________________ 조번호 ____________________ 이름 ____________________

3. 녹색 형광단백질(GFP) 과발현
(The overexpression of green fluorescent protein)

- 녹색 형광단백질(green fluorescent protein: GFP)은 238개의 아미노산으로 구성되어 있으며 자외선 영역에서 녹색 형광을 나타낸다.
- 유전자 재조합 기술을 이용하여 GFP를 다른 단백질과 fusion시켜 발현할 수 있으며, 이를 통하여 단백질의 이동, 세포 내의 위치 등을 실시간으로 측정할 수 있다. 이러한 GFP의 기능을 유전자 발현 리포터(reporter of gene expression)라고 한다.
- GFP는 해파리(jellyfish: *Aequorea victoria*)에서 최초로 분리되었으며, 그 후 다양한 색을 나타내는 형광단백질이 발견 또는 개발되었다(그림 4-7).
- 본 프로젝트에서는 동물 세포에서 발현하는 GFP를 재조합 DNA 기술을 이용하여, 대장균에서 발현하는 실험을 진행한다(그림 4-8).

그림 4-7 다양한 색의 형광단백질을 발현하는 미생물

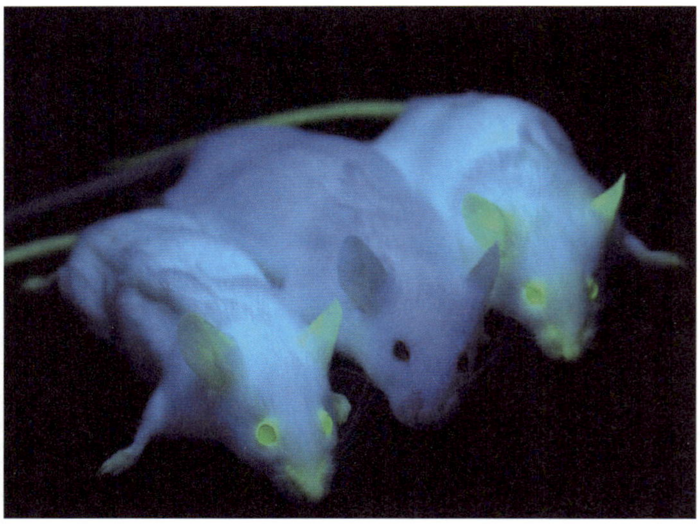

그림 4-8 GFP를 발현하는 형질전환 쥐

1. Total RNA 추출 프로토콜

1) Reagents

- GFP stably expressing HeLa cell line (ITSBIO, T3903)
- Diethylpyrocarbonate (DEPC)-treated H_2O
- Chloroform
- 75% ethanol in DEPC-treated H_2O
- Isopropanol
- Monophasic lysis reagent (TRIzol reagent)
- Phosphate-buffered saline (PBS)

2) Equipment

- Glass-Teflon 또는 power homogenizer

3) Procedure

① (A) 동물세포의 경우 5 $\times 10^6$ - 10 $\times 10^6$개의 세포를 준비하여 1 mL PBS에 넣고 2000 rpm에서 5분간 원심 분리한 후 상층액을 제거하여 세포 pellet을 만든다. 1 mL TRIzol reagent를 넣어 잘 섞은 후 피펫팅 또는 주사기를 이용하여 단일세포가 되도록 만든다.

(B) 동물조직의 경우 50-100 mg을 1 mL TRIzol reagent 에 섞어서 glass-Teflon 또는 power homogenizer를 이용하여 파쇄한다. 12,000 rpm에서 10분간 원심 분리한 후 TRIzol reagent에 용해되지 않은 물질을 제거한다.

(C) 미생물의 경우 1.5 mL 배양액을 13,000 rpm에서 5분간 원심 분리한 후 상층액을 제거하고 1 mL TRIzol reagent를 넣어 잘 섞은 후 피펫팅 또는 주사기를 이용하여 단일세포가 되도록 만든다.

② TRIzol reagent를 넣어 5분간 배양하여 nucleoprotein 복합체가 완전히 분리되도록 한다.

③ 200μL chloroform을 첨가한 후 뚜껑을 닫고 15초간 손으로 잘 흔든다. 상온에서 2-3분간 기다린다.

④ 13,000 rpm에서 15분간 원심 분리한다. 원심 분리 후 용액은 상층의 수용성 용액과 하층의 phenol: chloroform 층으로 분리된다. RNA는 상층의 수용성 용액에만 위치한다. 상층의 수용액 (약

600μL)을 새로운 1.5 mL tube를 원심분리기에 넣고 13,000 rpm에서 5분간 원심 분리한 후 상층액을 새로운 1.5 mL tube에 옮긴다.

⑤ 0.5 mL isopropanol을 첨가한 후 4-5 회 inverting한 후 상온에서 10분간 기다린다.

⑥ 13,000 rpm에서 10분간 원심 분리하다 가하여 RNA를 침전시킨다.

⑦ 침전된 RNA를 제외한 나머지 상층액을 피펫으로 조심스럽게 제거한다.

⑧ 75% ethanol 1 mL을 첨가한 후 8,000 rpm에서 5분간 원심 분리한다. 상층액을 제거한 후에 클린 벤치에서 tube를 5-10분간 건조하여 ethanol을 모두 기화시킨다.

⑨ 20μL RNase-free H_2O를 첨가하여 피펫팅한 후에 60°C에서 10분간 배양한 후 -80°C에 보관한다.

2. Total RNA를 이용한 cDNA 합성 실험 방법

(Superscript III First-Strand Synthesis System, ThermoFisher Scientific Cat. No. 18080051)

① Total RNA 최대 5μg까지 이용하여 다음 용액을 제조한다.

Component	Amount
Total RNA(1pg ~ 5μg)	nμL
Primer *50μM oligo(dT)$_{20}$ 또는 2μM gene-specific primer 또는 50ng/μL random hexamer	1μL
10mM dNTP mix	1μL
DEPC-treated water	to 10μL

② 위에서 제조한 용액을 65°C에서 5분간 반응시킨 후, 얼음 위에서 최소 1분간 반응시킨다. 이 과정은 RNA에 프라이머(primer)를 결합(annealing)시키는 과정이다.

③ cDNA synthesis mix를 다음 표와 같이 준비한다.

Component	1Rxn	10Rxns
10× RT buffer	2μL	20μL
25mM $MgCl_2$	4μL	40μL
0.1M DTT	2μL	20μL
RNaseOUT(40U/μL)	1μL	10μL
SuperScript III RT(200U/μL)	1μL	10μL

④ 위에서 준비한 cDNA synthesis mix 10μL를 1번에서 제조한 RNA/프라이머 혼합물(RNA/primer mix)에 넣고 피펫팅하여 잘 섞은 후 다음 반응을 진행한다.

⑤ 프라이머(primer)의 종류에 따라 각각 반응을 진행한다.

oligo(dT)20 또는 gene-specific primer: 50℃에서 50분 반응시킨다.

Random hexamer: 25℃에서 10분간 반응 후 50℃에서 50분 반응시킨다.

⑥ 85°C에서 5분간 반응시켜 합성 반응을 중지한 후 얼음 위에서 식힌다.

⑦ RNase H 1μL를 넣고 37°C에서 20분간 반응시킨다.

⑧ 합성이 완료된 cDNA를 -20°C 이하에서 보관한다.

⑨ 자세한 매뉴얼 참고 자료의 Invitrogen SuperScript III First-Strand Synthesis System의 매뉴얼을 참고한다.

3. PCR 및 DNA 전기영동

① 위에서 준비한 total DNA를 정량하여 PCR 반응을 진행한다(‘PART 2, 2. 프라이머 제작’). PCR tube 3개를 다음과 같이 준비한다.

Components	Tube #1 (Experimental)	Tube #2 (Positive Control)	Tube #3 (Negative Control)
Total DNA	50-100ng	50-100ng	0
10× *Taq* buffer	2.5μL	2.5μL	2.5μL
$MgCl_2$(25 mM)	1.5μL	1.5μL	1.5μL
dNTPs(10 mM)	0.5μL	0.5μL	0.5μL
Each primer(10 μM)	0.5μL(GFP)	0.5μL (mouse GAPDH)	0.5μL(GFP)
ddH_2O	to 24.75μL	to 24.75μL	to 24.75μL
Taq polymerase	0.25μL	0.25μL	0.25μL

② PCR에 사용되는 각각의 primer set과 예상되는 PCR 결과물의 길이는 다음과 같다.

Primer Name	Primer Sequence	PCR결과물 예상 길이(bp)
GFP forward GFP reverse	5’-TTCGAGCTCCGTCGAGCTAGCAAAGGAGAAGAACTTTTCA-3’ 5’-ATGACGTTCTCGGAGGAGGCTTTGTAGAGCTCATCCATGC-3’	965
GAPDH forward GAPDH reverse	5’-GGGTGTGAACCACGAGAAATA-3’ 5’-GGGTCTGGGATGGAAATTGT–3’	716

③ PCR tube를 thermal cycler에 넣고 35cycle을 반복하여 반응한다(‘PART 1, 4. 실험 장비 사용법’).

④ 1% 아가로스 젤을 준비하여, DNA 전기영동을 수행한다(‘PART 1, 4. 실험 장비 사용법’).

⑤ UV 트랜스일루미네이터(UV transilluminator)에서 PCR 결과물의 길이를 확인하여 예상 길이와 비교한다.

4. PCR product purification

(Gel & PCR purification kit, Biofact Cat. No. GP104-100)

① 위의 PCR 결과물이 GFP의 예상 길이와 유사하다면 아가로스 젤에서 PCR 결과물을 추출하여 DNA 서열을 밝혀내야 한다.

② 아가로스 젤에서 정제할 DNA를 포함하는 젤 부분을 면도칼을 이용하여 잘라낸다.

③ 잘라낸 젤을 작은 조각으로 절단하여 마이크로튜브에 담고 무게를 측정한다.

④ 잘라낸 젤 중량의 3배 부피의 UB buffer를 첨가한 후 60°C에서 10분간 반응시킨다. 반응 중간에 보텍싱(vortexing)한다.(예를 들면, 100mg의 젤에 300μL의 UB buffer 첨가)

⑤ 젤이 완전히 녹은 후 젤 부피만큼의 100% 이소프로판올(isopropanol)을 첨가한다.(예를 들면, 약 400μL의 100% 이소프로판올 첨가)

⑥ Spin column을 2mL collection tube에 장착하고 Superbinder solution 100μL를 넣는다. 10,000rpm에서 1분간 원심분리한 후 내려간 용액은 버린다.

⑦ WB buffer(80% 에탄올 함유) 750μL를 column에 넣고 10,000rpm에서 30초간 원심분리한 후 내려간 용액은 버린다. 이 과정을 한 번 더 반복한다.

⑧ 10,000rpm에서 3분간 원심분리하여 WB buffer를 완전히 제거하고 column을 새로운 마이크로튜브에 장착한다.

⑨ 30~50μL의 EB 또는 증류수를 column의 정가운데에 떨어뜨린 후 1분간 반응시킨다.

⑩ 10,000rpm에서 1분간 원심분리하여 DNA를 추출한 후 자외선 흡광도기(UV spectrometry)로 농도를 측정한다.

5. TA 클로닝 (TA cloning)

(pGEM-T Easy vector system, Promega Cat. No. A1360)

① PCR 결과물을 정제한 후 UV 흡광도계(UV spectrometer)등을 이용하여 농도를 측정한다.

② Ligation 반응을 위한 PCR 결과물과 벡터(vector)의 비율을 정한다. PCR 결과물과 벡터(vector)의 몰비율(molar ratio)이 1:3일 때 가장 효과적으로 ligation이 진행된다. 몰비율을 중량비로 전환하기 위하여 다음과 같은 공식을 사용한다.

$$\text{Insert(ng)} = \frac{\text{Vector(ng)} \times \text{Insert(kb)}}{\text{Vector(kb)}} \times \text{molar ratio of } \frac{\text{Insert}}{\text{Vector}}$$

예를 들어 500bp(=0.5kb)의 PCR 결과물(insert)을 50ng, 3kb vector와 3:1의 몰비율로 반응시킬 때 위의 공식을 이용하면 다음과 같은 결과를 얻을 수 있다.

$$\text{Insert(ng)} = \frac{\text{Vector(ng)} \times \text{Insert(kb)}}{\text{Vector(kb)}} \times \text{molar ratio of } \frac{\text{Insert}}{\text{Vector}}$$

따라서 25ng의 PCR 결과물이 필요하다.

③ PCR tube에 다음 표와 같이 ligation 반응을 준비한다. Positive control과 Background control도 동시에 진행한다.

Reagents	Standard Rxn	Positive Control	Background Control
2× Rapid Ligation Buffer	5μL	5μL	5μL
pGEM-T Easy Vector	1μL	1μL	1μL
PCR prooduct	XμL	-	-
Control Insert DNA	-	2μL	-
T4 DNA ligase(3 units/μL)	1μL	1μL	1μL
ddH_2O to final volume	10μL	10μL	10μL

④ 위와 같이 준비하여 상온에서 1시간 동안 반응을 진행한다. 최대 반응산물을 얻으려면 4°C에서 하룻밤 동안 반응을 진행한다.

⑤ 위에서 준비한 LB agar plate를 준비한다.

⑥ PCR tube의 내용물을 원심분리한 후 2μL를 15mL tube에 옮긴다.

⑦ Competent *E. coli* 100μL를 위의 15mL tube에 섞은 후 얼음에서 30분간 방치한다.

⑧ 42°C에서 1분 30초간 열충격(heat shock)을 가한 후, 얼음 속에서 5분간 방치한다.

⑨ 미리 37°C로 맞춰 놓은 SOC media가 최종적으로 1mL가 되도록 첨가한다.

⑩ 37°C 진탕배양기(shaking incubator)에서 1시간 배양한다(160~225 rpm).

⑪ 100μL를 따서 ampicillin/IPTG/X-gal 함유 LB agar plate에 스프레딩(spreading) 도말한다.

⑫ 37°C에서 하룻밤 배양한 후 흰색 콜로니 3-4개와 청색 콜로니 3~4개를 멸균된 루프로 수집하여, ampicillin/IPTG/X-gal 함유 LB agar plate에 스트리킹(streaking) 도말한다.

⑬ 37°C에서 하룻밤 배양한 후 UV 트랜스일루미네이터(UV transillumniator) 위에서 형광색을 관찰한다.

⑭ 자세한 사항은 'PART 3, 2. TA클로닝'과 참고 자료의 Promega pGEM-T Easy vector system 매뉴얼을 참고한다.

6. 실험 보고서 작성 및 제출

1) 토의사항

- 만약 GFP를 발현하는 *E. coli*에서 GFP 유전자를 클로닝하여 쥐의 상피세포(fibroblast)에 발현하려면 어떠한 실험 과정을 거쳐야 하는지 실험을 설계해 보자.
- Site-directed mutagenesis의 원리와 실험 방법을 조사해 보자.
- 초기의 GFP는 형광빛이 밝지 않았으나 여러 방법을 통하여 고광도의 형광 녹색뿐 아니라 다양한 형광색의 단백질로 개량되었다. 어떠한 실험 방법을 사용했는지 조사해 보자.

2) 위의 일련의 프로젝트 과정을 실험 보고서로 작성하여 제출한다.

참고하면 좋을 자료

M. Zimmer. (2009). "GFP: from jellyfish to the Nobel prize and beyond." *Chemical Society Review*, 38(10), pp. 2813-2968.
https://doi.org/10.1039/B904023D
GFP 단백질의 발견과 생물학 발전에 미친 영향, 노벨상을 수상하게 되는 과정을 정리한 리뷰 논문이다.

D. Chudakov et al. (2010). "Fluorescent Proteins and Their Applications in Imaging Living Cells and Tissues." *Physiological Reviews* 90(3), pp. 1103-1163.
https://doi.org/10.1152/physrev.00038.2009
형광단백질을 이용하여 살아있는 세포와 조직 연구에 활용하는 방법을 정리한 리뷰 논문이다.

https://naver.me/5v3R2Vbq
Qiagen RNeasy Mini kit의 매뉴얼이다.

https://naver.me/ximAZjRp
ThermoFisher Scientific의 Superscript III First-Strand Synthesis System의 매뉴얼이다.

https://naver.me/FQydTFcU
Promega pGEM-T & pGEM Easy vector system의 매뉴얼이다.

실험 요약 및 정리 3

녹색 형광단백질 과발현(The Overexpression of Green Fluorescent Protein)

분반 ____________________ 조번호 ____________________ 이름 ____________________

실험 요약 및 정리 3

녹색 형광단백질 과발현(The Overexpression of Green Fluorescent Protein)

분반 ______________________ 조번호 ___________________ 이름 _______________________

실험 요약 및 정리 3

녹색 형광단백질 과발현(The Overexpression of Green Fluorescent Protein)

분반 ____________________ 조번호 ____________________ 이름 ____________________

4. Y 염색체 STR 분석
(Y chromosome STR analysis)

- Y 염색체는 남성에만 존재하므로, Y 염색체는 부계 유전을 따른다.
- Y 염색체에 존재하는 STR(short tandem repeat)은 약 200여 개이며, 이 중 20개 미만이 법의학에서 사용된다. STR은 각 개인별로 반복 회수의 차이가 나므로 이를 이용하여 DNA 프로파일링(DNA profiling)을 작성할 수 있다.
- Y 염색체 STR 프로파일링(STR profiling)을 위해 사용되는 PCR 프라이머(primer)는 X 염색체에는 전혀 반응을 하지 않으므로, 남성 특이적 판별을 가능케 한다(그림 4-9).
- 유전적으로 Y 염색체는 재조합이 거의 발생하지 않으므로, Y 염색체 서열의 유전적 다양성은 매우 적게 나타난다. 따라서 오래 전에 동일한 조상을 가지고 있었다면, 동일한 Y 염색체 서열을 가지고 있을 가능성이 높다.
- 본 프로젝트에서는 Y 염색체 STR 분석을 통하여, DNA 지문분석(DNA fingerprinting)의 원리를 이해한다.

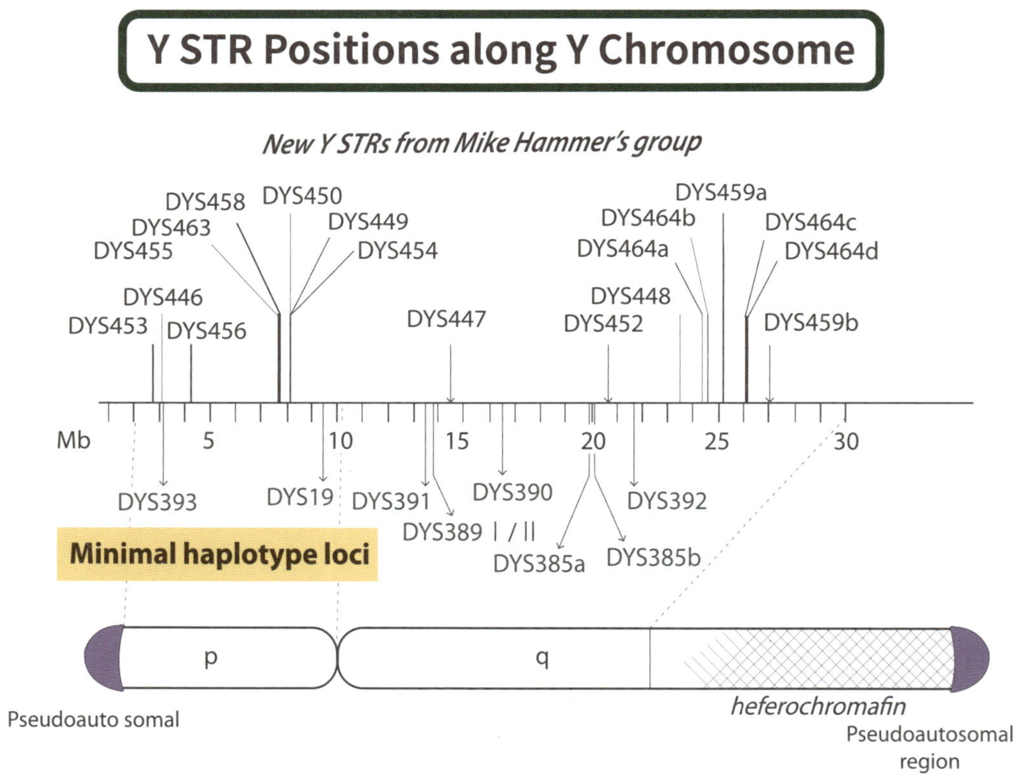

그림 4-9 Y 염색체에 존재하는 STR의 위치

1. Total DNA 분리 정제 프로토콜

1) Reagents

- 5M Ammonium acetate
- 10^6개 이상의 구강 상피세포
- Chloroform
- Ethanol (70%, 95%)
- Isopropanol
- 5M Nacl
- Plenol: Chloroform (1:1, v/v)
- Proteinase K (20 mg/mL in TE, pH 7.5)
- Ribonuclease A (5mg/mL in TE, pH 8.0)
- SDS (10%, w/v)
- TE (pH 8.0)

2) Equipment

- 자외선-가시광선 흡광도기 (UV-Vis. spectrophotometer)
- 주사기 (26 gauge)
- 37°C 항온수조

3) Procedure

① 면봉으로 입안의 벽을 수차례 긁어서 식염수 1 mL에 모은 후, 원심분리한 후 상층액을 제거하여 pellet을 만든다.

② 400μL TE(pH 8.0)를 첨가하여 vortex 등을 이용하여 잘 섞는다.

③ 50μl 10% SDS, 50μl Proteinase K (20 mg/mL in TE, pH 7.5)를 첨가한 후 37°C에서 1시간 동안 배양한다.

④ 분해된 세포는 매우 끈적한 물질로 변화한다. 주사기 (26 gauge)를 이용하여 3~5회 분해된 세포를 통과시킨다. 거품이 생기지 않도록 주의한다.

⑤ 500μl phenol: chloroform (1:1, v/v)을 첨가하여 가볍게 vortexing 한다.

⑥ 두 개의 층이 분리된 상태에서 상층부만 새로운 1.5 mL tube에 옮긴다. 5-6의 과정을 2번 반복한다.

⑦ 500µl의 chloroform을 넣어 가볍게 vortexing한 후 상층액만 새로운 1.5 mL tube에 옮긴다.

⑧ 25µl 5M NaCL과 1 mL 95% ethanol을 첨가하고 가볍게 vortexing 한 후 10분간 원심 분리 한다.

⑨ 흰색 침전물이 손실되지 않도록 상층액을 피펫으로 조심스럽게 분리하여 버린다. 하얀색 침전물이 DNA이다.

⑩ 1.5 mL tube을 뚜껑을 열어서 클린 벤치에서 15분간 건조한다.

⑪ 100µl TE (pH 8.0)과 5µl ribonuclease A (5 mg/mL in TE, pH 8.0)을 첨가한 후 37℃에서 약 30분간 배양한다.

⑫ 40µl 5M ammonium acetate와 250µl isopropanol을 첨가하여 가볍게 vortexing 한 후에 1.5 mL tube의 뚜껑을 닫고 10분간 상온에 배양한다.

⑬ 10분간 원심 분리하여 바닥에 생성된 흰색 침전물을 70% ethanol로 2회 세척한다.

⑭ 클린 벤치에서 15분간 건조 한 후에 100µl TE (pH 8.0)를 첨가한 후에 1/10로 희석하여 260 nm 에서 흡광도를 측정한다.

(1 OD_{260} = 50 mg/mL DNA)

2. PCR 및 DNA 전기영동

① 위에서 준비한 total DNA를 정량하여 PCR 반응을 진행한다('PART 2, 2. 프라이머 제작'). PCR tube 8개를 다음과 같이 준비한다.

Components	Tube #1~6 (Experimental)	Tube #7 (Positive Control)	Tube #8 (Negative Control)
Genomic DNA	50~100ng	50~100ng	0
10× *Taq* buffer	2.5μL	2.5μL	2.5μL
$MgCl_2$(25 mM)	1.5μL	1.5μL	1.5μL
dNTPs(10 mM)	0.5μL	0.5μL	0.5μL
Each primer(10 μM)	0.5μL(각 STR)	0.5 μL(GAPDH)	0.5μL(DYS 19)
ddH_2O	to 24.75μL	to 24.75μL	to 24.75μL
Taq polymerase	0.25μL	0.25μL	0.25μL

② PCR에 사용되는 각각의 primer set과 PCR 결과물의 예상되는 길이는 다음과 같다.

Primer Name	Primer Sequence	PCR결과물 예상 길이(bp)
DYS19-Forward primer DYS19- Reverse primer	5'-ACTACTGAGTTTCTGTTATAGTGTTTTT-3' 5'-GTCAATCTCTGCACCTGGAAAT-3'	233~270
DYS389I/II-Forward DYS389I/II-Reverse	5'-CCAACTCTCATCTGTATTATCTATG–3' 5'-GTTATCCCTGAGTAGTAGAAGAATG–3'	140~300
DYS390-Forward DYS390-Reverse	5'-TATATTTTACACATTTTTGGGCC-3' 5'-GTGACAGTAAAATGAAAACATTGC–3'	189~233
DYS391-Forward DYS391-Reverse	5'-CTATTCATTCAATCATACACCCA-3' 5'-GATTCTTTGTGGTGGGTCTG-3'	260~300
DYS392-Forward DYS392-Reverse	5'-TAGAGGCAGTCATCGCAGTG-3' 5'-GACCTACCAATCCCATTCCTT-3'	290~320
DYS393-Forward DYS393-Reverse	5'-GTGGTCTTCTACTTGTGTCAATAC-3' 5'-GAACTCAAGTCCAAAAAATGAGG-3'	100~140
Forward GP3DH primer Reverse GP3DH primer	5'-GTGAAGGTCGGTGTGAACG-3' 5'-ATTTGATGTTAGTGGGGTCTCG -3'	249

③ PCR tube를 유전자 증폭기(thermal cycler)에 넣고 35cycle을 반복

하여 반응시킨다('PART 1, 4. 실험 장비 사용법').

③ 2% 아가로스 젤을 준비하여, DNA 전기영동을 수행한다('PART 1, 4. 실험 장비 사용법').

⑤ UV 트랜스일루미네이터(UV transilluminator)에서 PCR 결과물의 길이를 확인하여 예상 길이와 비교한다.

3. PCR product purification
(Gel & PCR purification kit, Biofact Cat. No. GP104-100)

① 위의 PCR 결과물이 예상 길이와 유사하다면 아가로스 젤에서 PCR 결과물을 추출하여 DNA 서열을 밝혀내야 한다.

② 아가로스 젤에서 정제할 DNA를 포함하는 젤 부분을 면도칼을 이용하여 잘라낸다.

③ 잘라낸 젤을 작은 조각으로 절단하여 마이크로튜브에 담고 무게를 측정한다.

④ 잘라낸 젤 중량의 3배 부피의 UB buffer를 첨가한 후 60°C에서 10분간 반응시킨다. 반응 중간에 보텍싱(vortexing)한다.
(예를 들면, 100mg의 젤에 300μL의 UB buffer 첨가)

⑤ 젤이 완전히 녹은 후 젤 부피만큼의 100% 이소프로판올(isopropanol)을 첨가한다.
(예를 들면, 약 400μL의 100% 이소프로판올 첨가)

⑥ Spin column을 2mL collection tube에 장착하고 Superbinder solution 100μL를 넣고 10,000rpm에서 1분간 원심분리한 후 내려간 용액은 버린다.

⑦ WB buffer(80% 에탄올 함유) 750μL를 column에 넣고 10,000rpm에서 30초간 원심분리한 후 내려간 용액은 버린다. 이 과정을 한 번 더 반복한다.

⑧ 10,000rpm에서 3분간 원심분리하여 WB buffer를 완전히 제거하고 column을 새로운 마이크로튜브에 장착한다.

⑨ 30~50μL의 EB 또는 증류수를 column의 정중앙에 떨어뜨린 후 1분간 반응시킨다.

⑩ 10,000rpm에서 1분간 원심분리하여 DNA를 추출한 후 자외선

흡광도기(UV spectrometry)로 농도를 측정한다.

4. DNA 서열 분석(DNA sequencing) & BLAST

① 위에서 정제한 PCR 결과물과 PCR에 사용한 각각의 프라이머(primer)를 준비하여 DNA 서열 분석 회사에 택배로 보낸다.

② 2~3일 후에 이메일로 도착한 PCR 결과물의 DNA 서열 정보를 이용하여 생물정보학 도구(Bioinformatics tool)를 활용하여, 정확한 PCR 결과물의 위치, 길이를 측정하여 각 개인의 DNA 프로파일링(DNA profiling)을 다음 그림(그림 4-10)과 같이 작성한다.

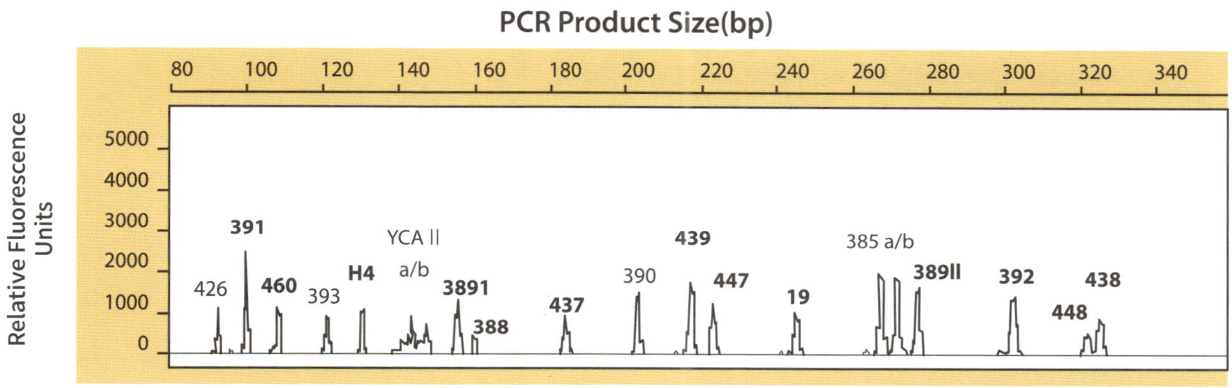

그림 4-10 Y 염색체 DNA 프로파일링

5. 실험보고서 작성 및 제출

1) 토의사항

- 멀티플렉스 PCR(multiplex PCR)의 원리와 응용
- Y 염색체 단상형(Y chromosome haplotype)의 활용
- 다른 Y 염색체의 서열은 동일하다고 가정하고 각 개인의 STR 차이를 이용하여 유전적 거리를 측정하는 지도를 작성해 본다.
- 위에서 수행한 실험을 최대한 자동으로 진행하도록 실험 방법을 다시 설계해보자.

2) 위의 일련의 프로젝트 과정을 실험 보고서로 작성하여 제출한다.

참고하면 좋을 자료

R. Mitchell and M. Hammer. (1996). "Human evolution and the Y chromosome." *Curr. Opin. Genet*. Dev., 6, pp.737-742

https://doi.org/10.1016/S0959-437X(96)80029-3

Y 염색체 서열 분석을 통하여 인간 진화를 연구하는 과정을 개괄적으로 설명한 리뷰 논문이다.

https://doi.org/10.1007/s00439-017-1776-9

Y 염색체 특이적 STR: Y 염색체에 특이하게 위치하고 있는 STR과 응용 분야를 정리한 기술 보고서이다.

https://naver.me/xKtIrJbl

Y 염색체 STR 정보: Y 염색체에 대한 생물정보학 정보가 총망라된 웹사이트이다.

https://naver.me/FAPjJjWn

Intron G-spin Total DNA extraction kit의 매뉴얼이다.

실험 요약 및 정리 4

Y 염색체 STR 분석(Y chromosome STR analysis)

분반 ______________________ 조번호 ____________________ 이름 ________________________

실험 요약 및 정리 4

Y 염색체 STR 분석(Y chromosome STR analysis)

분반 ______________________ 조번호 ___________________ 이름 ________________________

실험 요약 및 정리 4

Y 염색체 STR 분석(Y chromosome STR analysis)

분반 ____________________ 조번호 ____________________ 이름 ____________________

5. 미토콘드리아 DNA 프로파일링 (Mitochondrial DNA profiling)

- 미토콘드리아는 모든 세포에 200~1,700개가 존재하며, 한 개의 미토콘드리아는 16kb 원형 DNA를 함유하고 있다.
- 미토콘드리아는 난자의 세포질에서 유래하므로, 모든 미토콘드리아는 모계 유전을 따르게 되며, 재조합이 거의 발생하지 않는다.
- 16kb의 미토콘드리아 DNA에는 개인마다 다양한 변이를 나타내는 영역이 존재하며 이를 고도가변부위(hypervariable segment I, II: HSV I & HSV II)라고 한다(그림 4-11).
- 기본적인 실험 방법은 시료의 HSV I과 HSV II를 PCR로 증폭하여, DNA 서열 분석을 수행하는 것이다.
- 미토콘드리아는 한 개의 세포에 다수가 존재하므로, 시료의 양이 아주 적거나, 오래되었거나 세포의 주 염색체가 변성 및 분해되었을 때에 법의학에 효과적으로 사용할 수 있다. 일례로 2001년 미국 월드트레이드 센터 항공기 테러, 러시아 마지막 황제 로마노프 일가의 유골 검사 등에 사용되었다.
- 본 프로젝트에서는 각 개인의 미토콘드리아 DNA 서열(mitochondrial DNA sequence)을 검사하고, 모계 조상의 유전적 거리를 이해한다.
- CRS(Cambridge Reference Sequence)는 표준 서열(reference sequence)이다.
- *Homo sapiens* mitochondrial DNA sequence: NCBI Reference Sequence: NC_012920.1
  http://www.ncbi.nlm.nih.gov/nuccore/251831106

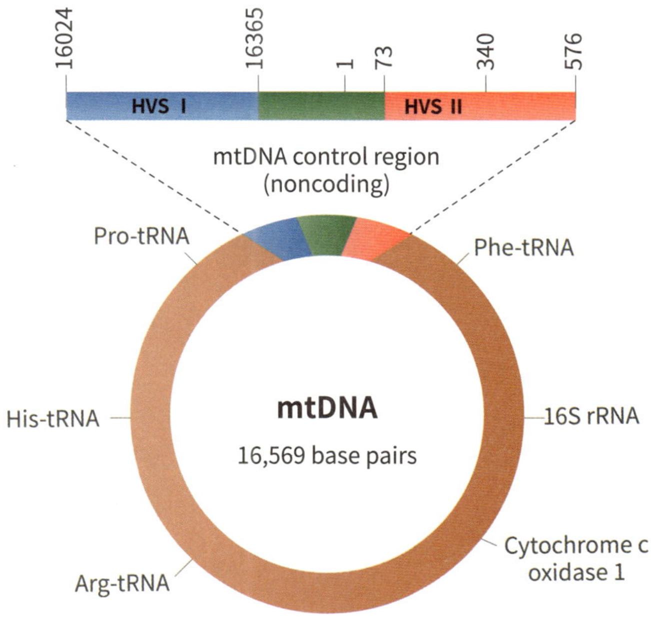

그림 4-11 미토콘드리아 유전체 지도 상의 HSV I과 HSV II의 위치

1. 미량 세포에서 total DNA 추출 실험 방법 (G-spin total DNA extraction kit, 인트론 Cat. No. 17045)

- 본 실험은 미량의 세포에서 total DNA(genomic DNA와 미토콘드리아 DNA)를 분리하는 방법이다. 인간 세포를 이용하므로 전염 예방을 위하여 반드시 라텍스 장갑을 끼고 실험을 진행한다.

1) 실험 시작 전 준비사항

① RNase A(lyophilized) 1 vial에 0.3ml의 pure D.W를 넣고 용해시켜 사용하며, Proteinase K(lyophilized)는 1 vial에 1.1ml의 pure D.W를 넣고 용해시켜 사용한다. 각 효소들이 용해되었다면 즉시 보관은 -20°C에서 한다.

② Buffer WB용액에 100% ethanol을 1:4로 추가하여 사용(Buffer WB: Ethanol = 40 mL : 160 mL).

③ Buffer CL, Buffer BL에 침전물이 생겼다면 70°C에서 다시 녹여 사용.

2) Protocol C. Genomic DNA extraction for Cell, Buffy coat

① 샘플을 다음과 같이 준비한다(1a or 1b).

1a. suspension에서 자란 세포: 15ml이나 50ml 튜브에 culture fluid를 옮긴 후, 3,000rpm, 5min 원심분리해 cell pellet을 만든다. 상층액은 완전히 제거한 후, PBS로 washing한다. 그리고 cell pellet에 PBS를 이용해 부유시킨다.

1b. monolayer에서 자란 세포: Trypsinization(1)이나 cell scraper(2)로 culture flask에서 세포를 떼어낸다.

- 배양액을 제거하고 37°C PBS를 이용해 세포를 씻어낸다. 그리고 PBS를 제거한 후, trypsin용액을 첨가한다. 세포가 flask에서 완전히 떨어진 후, PBS를 이용해 washing한다. 그리고 부유되어 있는 cell pellet에 PBS를 이용해 적절한 volume을 맞춘다.
- Cell scraper를 사용해 세포를 flask에서 떼어낸 후, PBS를 이용해 washing한다. 그리고 부유되어 있는 cell pellet에 PBS를 이용해 적절한 volume을 맞춘다.

② Cell counter(hemocytometer)를 이용해 세포의 수를 파악하고 1~3 x 106의 세포를 1.5ml 튜브에 옮긴다.

③ 샘플을 13,000rpm, 1min 원심분리하여 pellet을 만들고, 상층액을 버린다. 또 다시 cell pellet을 남은 상층액(PBS)으로 부유시킨다(vortex or tapping).

④ 200μl Buffer Cl, 20μl Proteinase K, 5μl RNase A용액을 튜브에 첨가하고 잘 섞이도록 vortex한다.

⑤ 56°C로 예열한 heat block이나 water bath에 Lysate을 incubation(10~30min)한다.

⑥ 반응 후, 200μl Buffer BL을 샘플에 넣고 완전히 섞는다. 그리고 샘플을 70°C에서 incubation(5min)한다(격렬한 vortex는 피한다).

⑦ 간단히 튜브를 원심분리한다. 100% ethanol 200μl를 넣고, 튜브를 뒤집으면서 잘 섞은 후, 다시 간단히 원심분리하여 용액을 아래로 내린다(vortex 하지 않음). – Equilibration step

⑧ 2mL tube에 spin column을 올리고 lysate이 벽에 묻지 않도록 넣는다. 뚜껑을 닫은 후, 13,000rpm에서 1분 동안 원심분리한다. 여과물은 버리고, 같은 튜브에 다시 column을 올린다.

⑨ Buffer WA 700μl를 spin column에 통과시키며, 벽에 용액이 묻지

않도록 한다. 13,000rpm에서 1분 동안 원심분리를 한 후, 여과물은 버리고 같은 튜브에 다시 column을 올린다.

⑩ Buffer WB 700μl를 spin column에 통과시키며, 벽에 용액이 묻지 않도록 한다. 13,000rpm에서 1분 동안 원심분리를 한 후, 여과물은 버리고 같은 튜브에 다시 column을 올린다. 그리고 다시 1분 동안 원심분리를 하여 membrane을 말린다.

⑪ Spin column을 새로운 1.5mL tube에 올리고 Buffer CE 30~100μl를 membrane에 올린다. 실온에서 incubation(1min)한 후, 13,000rpm에서 1분 동안 원심분리한다.

2. PCR 및 DNA 전기영동

① 위에서 준비한 total DNA를 정량하여 PCR 반응을 진행한다('PART 2, 2. 프라이머 제작'). PCR tube 3개를 다음과 같이 준비한다.

Components	Tube #1 (Experimental)	Tube #2 (Experimental)	Tube #3 (Negative Control)
Total DNA	50~100ng	50~100ng	0
10× *Taq* buffer	2.5μL	2.5μL	2.5μL
$MgCl_2$(25 mM)	1.5μL	1.5μL	1.5μL
dNTPs(10 mM)	0.5μL	0.5μL	0.5μL
Each primer(10 μM)	0.5μL(HVS I)	0.5μL(HVS II)	0.5μL(HVS I)
ddH_2O	to 24.75μL	to 24.75μL	to 24.75μL
Taq polymerase	0.25μL	0.25μL	0.25μL

② PCR에 사용되는 각각의 primer set과 PCR 결과물의 예상되는 길이는 다음과 같다.

Primer Name	Primer Sequence	PCR결과물 예상 길이(bp)
mtL15997(HVS I) mtH16391(HVS I)	5'-CACCATTAGCACCCAAAGCT-3' 5'-GAGGATGGTGGTCAAGGGAC-3'	394
mtL048(HVS II) mtH408(HVS II)	5'-CTCACGGGAGCTCTCCATGC–3' 5'-CTGTTAAAGTGCATACCGCCA–3'	360

③ PCR tube를 유전자 증폭기(thermal cycler)에 넣고 35 cycle을 반복하여 반응시킨다('PART 1, 4. 실험 장비 사용법').

④ 2% 아가로스 젤을 준비하여, DNA 전기영동을 수행한다('PART 1, 4. 실험 장비 사용법').

⑤ UV 트랜스일루미네이터(UV transilluminator)에서 PCR 결과물의 길이를 확인하여 예상 길이와 비교한다.

3. PCR product purification
(Gel & PCR purification kit, Biofact Cat. No. GP104-100)

① 위의 PCR 결과물이 예상 길이와 유사하다면 아가로스 젤에서 PCR 결과물을 추출하여 DNA 서열을 밝혀내야 한다.

② 아가로스 젤에서 정제할 DNA를 포함하는 젤 부분을 면도칼을 이용하여 잘라낸다.

③ 잘라낸 젤을 작은 조각으로 절단하여 마이크로튜브에 담고 무게를 측정한다.

④ 잘라낸 젤 중량의 3배 부피의 UB buffer를 첨가한 후 60°C에서 10분간 반응시킨다. 반응 중간에 보텍싱(vortexing)한다.
(예를 들면, 100mg의 젤에 300μL의 UB buffer 첨가)

⑤ 젤이 완전히 녹은 후 젤 부피만큼의 100% 이소프로판올(isopropanol)을 첨가한다.(예를 들면, 약 400μL의 100% 이소프로판올 첨가)

⑥ Spin column을 2mL collection tube에 장착하고 Superbinder solution 100μL를 넣고 10,000rpm에서 1분간 원심분리한 후 내려간 용액은 버린다.

⑦ WB buffer(80% 에탄올 함유) 750μL를 column에 넣고 10,000rpm에서 30초간 원심분리한 후 내려간 용액은 버린다. 이 과정을 한 번

더 반복한다.

⑧ 10,000rpm에서 3분간 원심분리하여 WB buffer를 완전히 제거하고 column을 새로운 마이크로튜브에 장착한다.

⑨ 30~50μL의 EB 또는 증류수를 column의 정중앙에 떨어뜨린 후 1분간 반응시킨다.

⑩ 10,000rpm에서 1분간 원심분리하여 DNA를 추출한 후 자외선 흡광도기(UV spectrometry)로 농도를 측정한다.

4. DNA 서열 분석 및 데이터 분석(DNA sequencing & Data analysis)

① 위에서 정제한 PCR 결과물과 프라이머(primer)를 준비하여 DNA 서열 분석 회사에 택배로 보낸다.

② 2~3일 후에 이메일로 도착한 미토콘드리아 DNA 서열 정보와 생물정보학 도구를 활용하여 각 개인의 미토콘드리아 DNA 프로파일링(DNA profiling)을 작성한다.

③ https://www.mitomap.org/foswiki/bin/view/MITOMAP/HaplogroupMarkers

④ 각 개인의 mtDNA를 BLAST의 sequence alignment를 이용하여 *Homo sapiens* mitochondrial DNA sequence(NCBI Reference Sequence: NC_012920.1)의 PCR 증폭 부위와 비교, 분석한다. Serial Cloner 소프트웨어를 설치하여 염기서열 파일(seq 파일)을 연다.
http://serialbasics.free.fr/Serial_Cloner.html

⑤ www.ncbi.nlm.nih.gov 에 접속한다.

⑥ 오른쪽 선택에서 BLAST를 클릭한다.

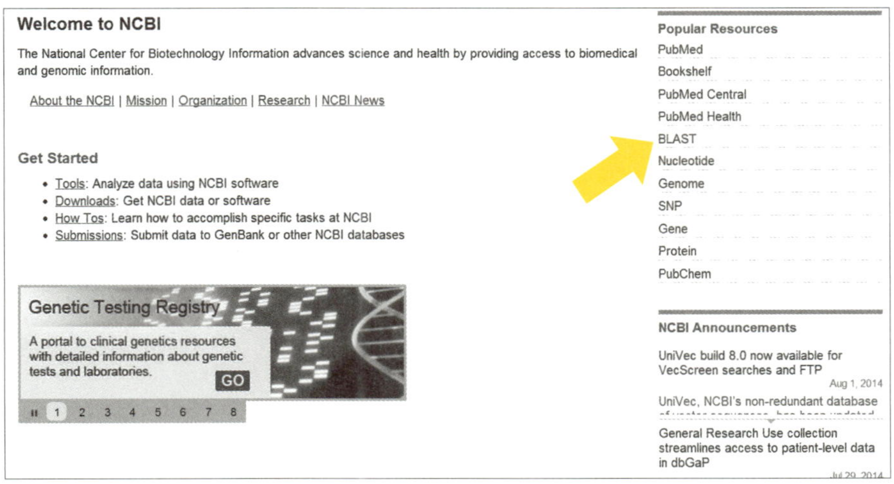

⑦ 아래쪽 선택버튼에서 Specialized BLAST를 찾은 후 Align two(or more) sequences using BLAST를 선택한다. 오른쪽 선택에서 BLAST를 클릭한다.

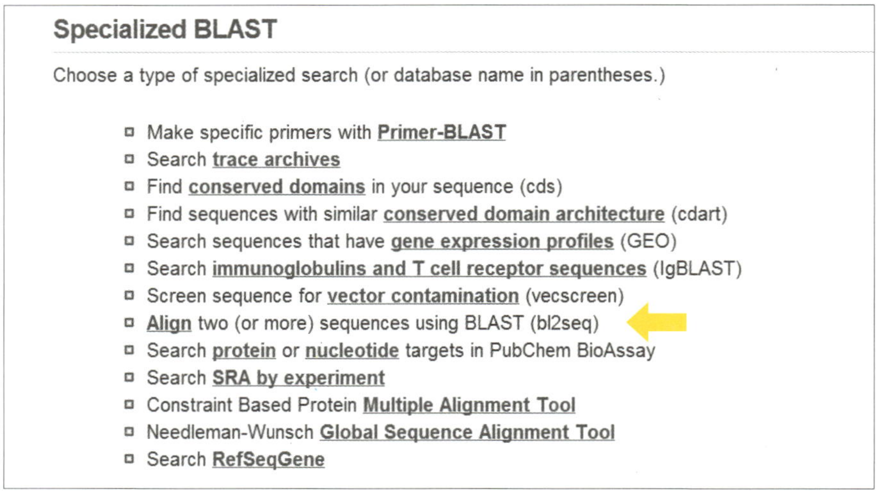

⑧ Enter query sequence에 염기서열 분석 결과를 입력한다.

⑨ Enter subject sequence에 NC_012920을 입력한다. 이 번호는 인간 미토콘드리아의 reference 서열이다.

⑩ 맨 아래에 BLAST를 클릭하고 결과가 나오면 위쪽 선택사항에서 Formatting option을 선택한다.

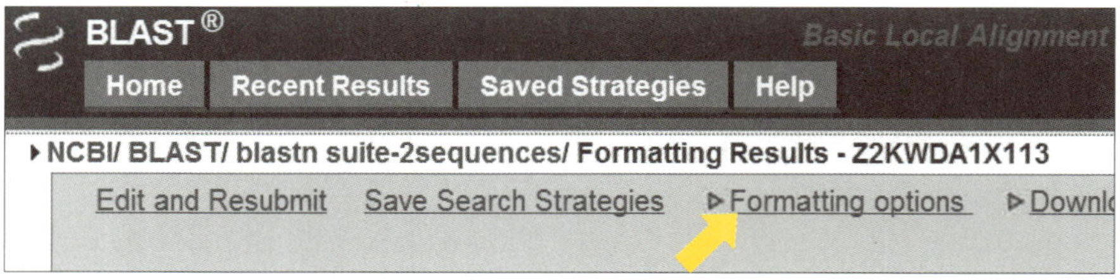

⑪ Alignment View 옵션을 Query-anchored with dots for identities로 선택한 후에 오른쪽 위의 Reformat을 클릭한다.

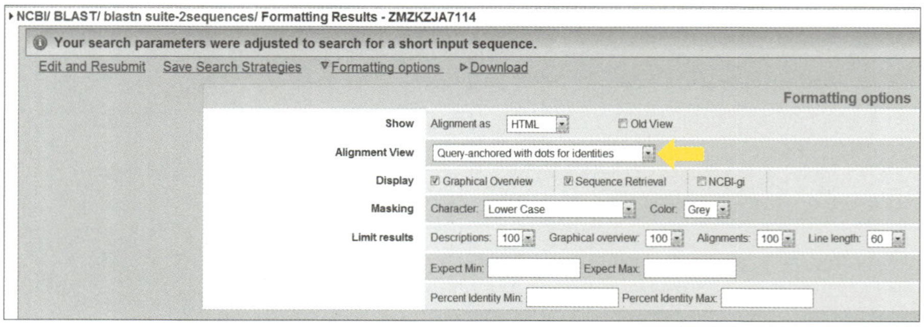

⑫ 결과 페이지에서 염기서열이 일치하지 않는 부위를 정리한다. 다음과 같이 염기서열번호_변화된 염기로 나타낸다.

16378T
16311C
16362C

⑬ 다음 사이트에서 미토콘드리아 염기서열 결과를 이용하여 haplotype을 결정한다.

https://www.mitomap.org/foswiki/bin/view/MITOMAP/WebHome

http://en.wikipedia.org/wiki/Human_mitochondrial_DNA haplogroup

Human mtDNA Migrations

The map below shows the branch point for each haplogroup and it's global spread.

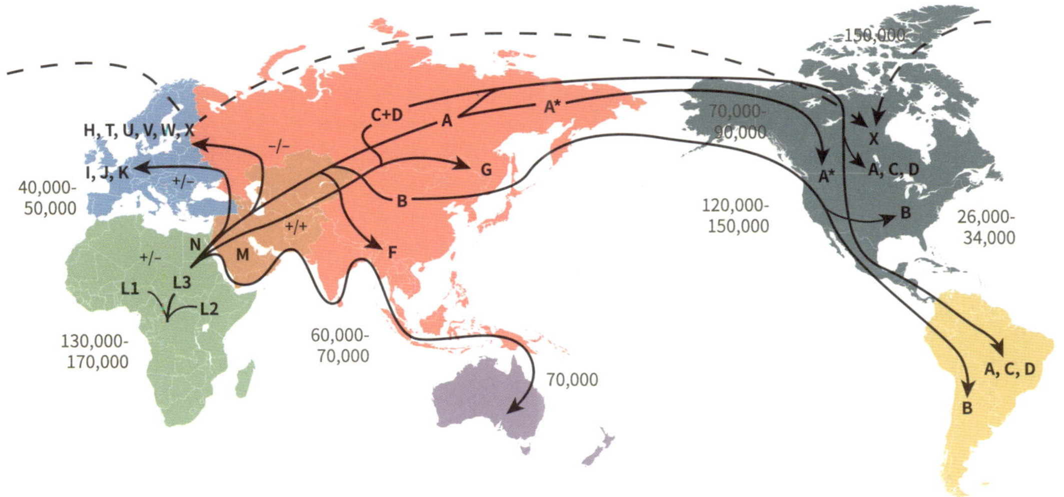

Major haplogroups

Haplogroup	Possible time of origin	Possible place of origin (branch point)
L1, L2, L3	130,000 - 170,000 years ago	Central Africa
N	71,000 years ago	East Africa or Asia
M	60,000 years ago	North Africa or South Asia
I	30,000 years ago	Caucasus or Northeast Europe
J	45,000 years ago	Near East or Caucasus
K	16,000 years ago	Near East
H	35,000 years ago	Western Asia
T	17,000 years ago	Mesopotamia
V	15,000 years ago	Iberia and moved to Scandavia
W	25,000 years ago	Northeast Europe or Northwest Asia
X	30,000 years ago	Northeast Europe
A	50,000 years ago	Asia
B	50,000 years ago	East Asia
C	60,000 years ago	Central Asia
D	50,000 years ago	East Asia
F	40,000 years ago	Asia
G	35,000 years ago	East Asia

My haplogroup is ________.

It branched off from haplogroup ________ in ________________(country).

This happened ________________ years ago.

5. 실험보고서 작성 및 제출

1) 토의사항

- 각 개인의 미토콘드리아 DNA 서열을 분석하여, mtDNA 단상집단 (haplogroup)을 결정한다.
- 20명 학생의 미토콘드리아 DNA 서열을 이용하여 공통의 모계 조상이 존재했을 가능성을 유전적 거리를 측정하여 검증해 본다.
- 미토콘드리아DNA 서열 분석을 통한 단상집단(haplogroup) 분류 방법을 찾아본다.

2) 위의 일련의 프로젝트 과정을 실험 보고서로 작성하여 제출한다.

참고하면 좋을 자료

Denise Syndercombe Court. (2021). "Mitochondrial DNA in forensic use." Emerging Topics in Life Sciences, 5, pp. 415-426.
https://doi.org/10.1042/ETLS20210204
법의학에서 미토콘드리아 DNA 서열 분석이 적용된 역사와 실험 원리 등을 개괄적으로 설명한 리뷰 논문이다.

https://www.youtube.com/watch?v=B7aEav7a-kM
Mitochondrial DNA PCR and Sequencing from BABEC.org.
미국 캘리포니아 생명공학 교육 모임에서 작성한 미토콘드리아 관련 실험 프로토콜로 생물정보학 도구를 이용하여 미토콘드리아 DNA 서열을 분석하는 방법을 동영상으로 보여준다.

https://naver.me/FAPjJjWn
Intron G-spin Total DNA extraction kit 매뉴얼이다.

실험 요약 및 정리 5

미토콘드리아 DNA 프로파일링(Mitochondrial DNA profiling)

분반 ______________________ 조번호 ___________________ 이름 _______________________

실험 요약 및 정리 5

미토콘드리아 DNA 프로파일링(Mitochondrial DNA profiling)

분반 ____________ 조번호 ____________ 이름 ____________

실험 요약 및 정리 5

미토콘드리아 DNA 프로파일링(Mitochondrial DNA profiling)

분반 ______________ 조번호 ______________ 이름 ______________

실험 요약 및 정리 5

미토콘드리아 DNA 프로파일링(Mitochondrial DNA profiling)

분반 ______________________ 조번호 ____________________ 이름 ________________________

PART 5

심화 프로젝트

Advanced Project

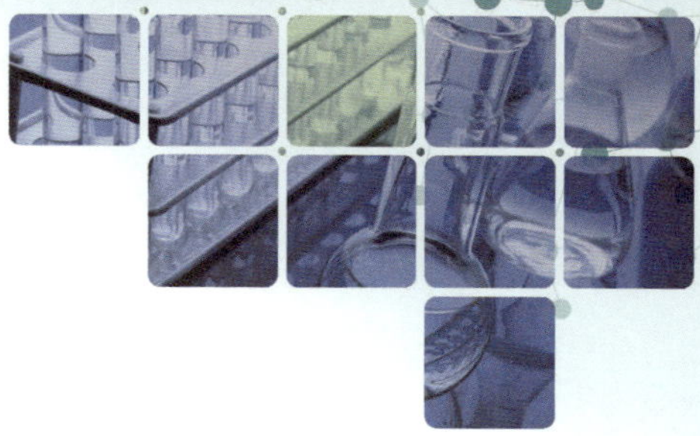

1. 위치지정 돌연변이(Site-directed mutagenesis)

• 위치지정 돌연변이(Site-directed mutagenesis)는 DNA의 염기서열을 변화시켜 특정 아미노산을 다른 아미노산으로 변화시키는 실험 방법이다. 이미 알고 있는 DNA, mRNA 또는 단백질을 출발점으로 정상 단백질의 기능을 알아내기 위하여 인위적으로 돌연변이를 유발하는 역방향 유전학(reverse genetics)의 핵심적인 실험 방법이다.

• 유전암호(Genetic code)는 3개의 염기로 구성되어 있으며 1종의 아미노산으로 번역된다. 이러한 3개의 염기서열을 코돈(codon)이라 한다.

• RNA는 4종류의 염기(A, U, G, C)로 구성되므로, 유전암호는 64 종류의 조합이 가능하다. 이 중에서 61종의 유전암호는 20종의 아미노산으로 번역되며, 나머지 3종은 종결코돈으로 번역을 종결한다(표 5-1).

• 위치지정 돌연변이는 PCR을 이용하여 특정 염기를 다른 염기로 치환(substitution)하거나, 특정 염기를 삽입(insertion)하거나 제거(deletion)하는 실험이다(그림 5-1).

• 위치지정 돌연변이의 결과로 유전자의 염기서열이 변화하게 되면 단백질을 구성하는 아미노산이 변화하게 된다. 결과적으로 아미노산 서열의 변화는 단백질의 구조, 기능에 영향을 미치게 된다.

• 녹색 형광 단백질(Green fluorescent protein; GFP)은 해양 생물인 해파리(*Aequorea Victoria*)에서 최초로 분리, 정제되었다. 최초의 녹색 형광 단백질은 395 nm 파장의 빛에너지를 흡수하여 에너지가 흥분된 상태로 변화하였다가 509 nm 파장의 빛을 방출하며 원래의 상태로 돌아온다. 이 때 509 nm 파장의 빛은 녹색을 나타낸다.

First letter	Second letter: U	Second letter: C	Second letter: A	Second letter: G	Third letter
U	UUU Phe	UCU Ser	UAU Tyr	UGU Cys	U
U	UUC Phe	UCC Ser	UAC Tyr	UGC Cys	C
U	UUA Leu	UCA Ser	UAA Stop	UGA Stop	A
U	UUG Leu	UCG Ser	UAG Stop	UGG Trp	G
C	CUU Leu	CCU Pro	CAU His	CGU Arg	U
C	CUC Leu	CCC Pro	CAC His	CGC Arg	C
C	CUA Leu	CCA Pro	CAA Gln	CGA Arg	A
C	CUG Leu	CCG Pro	CAG Gln	CGG Arg	G
A	AUU Ile	ACU Thr	AAU Asn	AGU Ser	U
A	AUC Ile	ACC Thr	AAC Asn	AGC Ser	C
A	AUA Ile	ACA Thr	AAA Lys	AGA Arg	A
A	AUG Met	ACG Thr	AAG Lys	AGG Arg	G
G	GUU Val	GCU Ala	GAU Asp	GGU Gly	U
G	GUC Val	GCC Ala	GAC Asp	GGC Gly	C
G	GUA Val	GCA Ala	GAA Glu	GGA Gly	A
G	GUG Val	GCG Ala	GAG Glu	GGG Gly	G

표 5-1 Codon Table

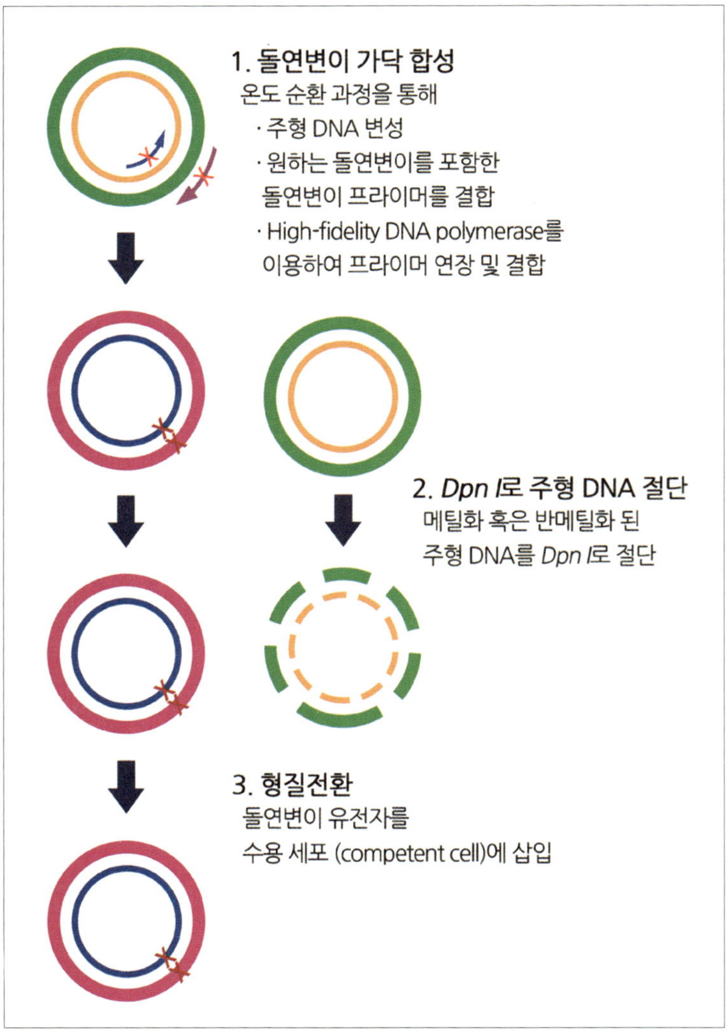

그림 5-1 위치지정 돌연변이(site-directed mutagenesis) 실험 과정

- 자외선 반응 녹색 형광 단백질(GFPuv)는 원래의 녹색 형광 단백질에 무작위적인 돌연변이를 유발한 후에 선별한 단백질로 자외선 파장의 빛에너지를 흡수하여 녹색 형광의 빛을 방출한다.
- 본 실험에서는 GFPuv를 암호화하는 DNA 염기서열에 위치지정 돌연변이를 유발하여 자외선에 반응하는 GFPuv의 변화를 관찰한다. DNA 염기서열의 변화는 단백질을 구성하는 아미노산의 종류를 변화시킨다.
- 그림 5-1은 PCR을 이용하여 위치지정 돌연변이 실험 과정을 나타낸다. 대장균에서 분리한 플라스미드에 염기서열 변화를 유도하는 프라이머(primer)를 이용하여 PCR을 진행한다. 이 때 효소는 *Pfu* polymerase를 사용한다.
- 대장균에서 분리한 플라스미드는 DNA가 메틸화가 되어있는 반면에 PCR로 증폭된 DNA는 메틸화가 일어나지 않는다. PCR 반응 결과, 원래 주형으로 사용된 메틸화된 플라스미드와 PCR로 새로 합성된 메틸화되지 않은 플라스미드가 혼합되어 있다. *Dpn* I 제한효소는 메틸화된 GATC 서열을 선별적으로 절단한다. 따라서 플라스미드 혼합액에 *Dpn* I 제한효소를 처리하면 메틸화된 플라스미드만 선별적으로 제거된다. *Dpn* I 제한효소를 처리한 혼합액을 다시 대장균에 도입하여 PCR로 새로 합성된 플라스미드을 자가 복제시켜 얻을 수 있다.
- 본 프로젝트에서는 GFPuv의 염기서열에 PCR을 이용하여 위치지정 돌연변이를 유발하여 GFPuv의 고유한 녹색 형광이 변화됨을 관찰한다.
- GFPuv의 63번째 아미노산인 threonine (T)이 제거될 경우를 ΔT63이라 지칭한다. ΔT63의 경우 GFPuv의 녹색 형광이 사라지게 된다.
- GFPuv의 66번째 아미노산인 tyrosine (Y)을 histidine (H)으로 변화시키는 경우를 Y66H라 지칭한다. Y66H의 경우 GFPuv의 녹색 형광이 사라지게 된다.
- Y66H의 145번째 아미노산인 tyrosine (Y)을 phenylalanine (F)으로 변화시키는 경우를 Y145F라 지칭한다. GFPuv에 2종의 위치지정 돌연변이(Y66H와 Y145F)가 도입될 경우, 녹색 형광이 옅은 청색으로 변화한다.

1. 대장균 형질전환 – 녹색형광 단백질(GFPuv) 발현

- 대장균 형질전환(transformation)은 GFPuv를 발현하는 플라스미드를 대장균에 도입하여, 항생제를 이용하여 선별하는 실험이다.
- 실험 장비 및 재료
  - UV transilluminator (대한과학 #WUV-L50)

- pGFPuv vector (Clontech #62312)
- DH5α Chemically Competent *E. coli* (Enzynomics #CP011)
- Ampicillin (기산바이오 #MB-A1801)
- LB (Luria Bertani) Broth (기산바이오 #MB-L4488)
- Water bath (42 °C)
- Shaking incubator (37 °C, 200 rpm)
- Static incubator (37 °C)

1) *E. coli*가 들어있는 튜브를 얼음에서 녹인 후 15 mL conical tube에 옮겨담는다. 1 μL의 pGFPuv vector를 튜브에 첨가하여 *E. coli*와 잘 섞이도록 한다.

2) 위의 혼합액을 얼음에서 30분간 반응시킨 후, 42 °C water bath에 30초간 반응시킨다. 다시 튜브를 얼음으로 옮겨서 2분간 반응시킨다.

3) 상온으로 맞추어진 SOC 배지 400 μL를 튜브에 첨가한 후, 37 °C, 200 rpm shaking incubator에서 1시간 배양한다.

4) 20 μL 배양액을 ampicillin (100 μg/mL)을 함유한 LB agar plate에 평판 도말한 후, 37 °C static incubator에서 약 20시간 배양한다. 배양 후에 생성된 콜로니를 따서 ampicillin (100 μg/mL)을 함유한 3 mL LB broth에 약 20시간 동안 액침 배양한다. GFPuv를 함유한 *E. coli* 배양액을 UV transilluminator에 비추면 녹색 형광이 발산되는 것을 관찰할 수 있다.

2. Plasmid 추출

- Plasmid 추출은 형질전환(transformation)된 대장균에서 plasmid DNA만을 추출하는 실험이다.
- 실험 장비 및 재료
  - 소형 원심분리기 (Labogene #GYLZ-1312)
  - Plasmid DNA purification kit Mini (Cosmogenetech #CMP0111)

1) 위에서 준비한 *E. coli* 배양액 1.5 mL을 microcentrifuge tube에 옮겨 담은 후 13,000 rpm에서 10분간 원심 분리한다. 원심 분리 후 *E. coli* 세포가 밑에 펠렛을 형성함을 확인할 수 있다.

2) 상층액을 제거하고 S1 용액을 250 μL를 첨가한 후에 vortexing하거나 피펫으로 용액을 빨아드렸다가 배출하는 것을 반복하여 세포가 낱개로 떨어질 수 있도록 한다.

3) S2 용액 250 μL를 첨가한 후에 튜브를 위아래로 4회 뒤집어서(inverting) 용액이 잘 섞이게 한다. 약 5분 정도 기다린다. 이 단계부터는 vortexing을 하면 DNA가 절단되므로, vortexing을 하면 안 된다.

4) S3 용액 350 μL를 첨가한 후에 튜브를 위아래로 6회 뒤집어서 용액이 잘 섞이게 한다.

5) 13,000 rpm에서 10분간 원심 분리한다. 스핀 컬럼(spin column)과 수거 튜브(collection tube)를 결합한다. 투명한 상층액(plasmid 함유)만 조심스럽게 피펫으로 스핀 컬럼으로 옮긴다. 원심 분리 후 바닥에 침전된 흰색 펠렛은 단백질, 세포막 등으로 버린다.

6) 스핀 컬럼을 13,000 rpm에서 1분간 원심 분리한다. 스핀 컬럼을 통과하여 수거 튜브에 모인 용액을 제거하고, 스핀 컬럼과 수거 튜브를 다시 결합한다.

7) Buffer PW 용액 750 μL를 첨가한 후에 13,000 rpm에서 1분간 원심 분리한다. 수거 튜브에 모인 용액을 제거하고, 스핀 컬럼과 수거 튜브를 다시 결합한다. 총 2회 수행한다.

8) 스핀 컬럼에 용액을 넣지 않은 상태에서 13,000 rpm에서 1분간 원심 분리하여 컬럼에 잔존 용액을 제거한다.

9) 스핀 컬럼을 새로운 microcentrifuge tube로 옮겨서 결합한 후에 EB 용액 40 μL를 스핀 컬럼의 정중앙에 투하하고 1분간 기다린 후 13,000 rpm에서 1분간 원심 분리한다. EB 용액은 스핀 컬럼에 부착되어 있는 plasmid를 분리시켜, plasmid는 EB 용액에 녹아 추출된다. 이 때 추출된 plasmid는 pGFPuv vector이다.

10) 1% agarose gel을 준비하여, DNA 전기영동을 수행한다(Chapter 4 참조).

3. Site-directed mutagenesis PCR

- Site-directed mutagenesis는 PCR을 수행하여 GFPuv 유전자의 염기서열을 변화시켜 녹색 형광이 변화하는 것을 관찰한다.
- 실험 장비 및 재료
  - 유전자 증폭기(Bio-rad thermal cycler #T100)
  - *Pfu* polymerase (Enzynomics #P410)
  - *Dpn* I 제한효소(Enzynomics #R054S)
  - pGFPuv vector (Clontech #62312: 위의 2단계에서 추출한 플라스미드)

1) PCR에 사용되는 각각의 primer set는 다음과 같다. (밑줄 친 염기는 돌연변이 유발)

Name	Sequence	Tm (℃)
ΔT63_F	CCA ACA CTT GTC ACT TTC TCT TAT GGT GTT CAA TGC	62.5
ΔT63_R	GCA TTG AAC ACC ATA AGA GAA AGT GAC AAG TGT TGG	62.5
Y66H_F	CCA ACA CTT GTC ACT ACT TTC TCT CAT GGT GTT CAA TGC	64.5
Y66H_R	GCA TTG AAC ACC ATG AGA GAA AGT AGT GAC AAG TGT TGG	64.5
Y145F_F	GGA CAC AAA CTC GAG TAC AAC TTT AAC TCA CAC AAT GTA TAC ATC	62.5
Y145F_R	GAT GTA TAC ATT GTG TGA GTT AAA GTT GTA CTC GAG TTT GTG TCC	62.5

2) Site-directed mutagenesis PCR (1st reaction): Total volume 50 μL

Components	Tube #1 (ΔT63)	Tube #2 (Y66H)	Tube #3 (Negative Control)
10XnPfu-Forte Buffer	5 μL	5 μL	5 μL
nPfu-Forte (2.5 units/ul)	0.5 μL	2.5 μL	2.5 μL
dNTPs (2 mM each)	5 μL	1.5 μL	1.5 μL
pGFPuv vector	0.5 μL	0.5 μL	-
Forward primer (5 μM)	2.5 μL	2.5 μL	2.5 μL
Reverse primer (5 μM)	2.5 μL	2.5 μL	2.5 μL
Sterile water	33 μL	33 μL	33.5 μL

3) *Dpn* I 제한효소 처리: 위의 PCR 결과물에서 메틸화된 플라스미드만 선택적으로 분해한다. 아래와 같이 준비하여 37 °C에서 1시간 반응을 진행한다.

Components	Tube #1 (ΔT63)	Tube #2 (Y66H)	Tube #3 (Negative Control)
PCR 결과물	5 μL	5 μL	5 μL
10X FastCut Buffer	1 μL	1 μL	1 μL
Dpn I	1 μL	1 μL	1 μL
Sterile water	3 μL	3 μL	3 μL

4) 위의 3에서 배양이 끝난 혼합액을 대장균에 형질전환하여 배양한다. 생성된 콜로니를 UV transilluminator에서 관찰한다. 예상되는 실험 결과는 다음과 같다.

Components	Tube #1 (ΔT63)	Tube #2 (Y66H)	Tube #3 (Negative Control)
UV transilluminator 관찰 결과	흰색의 콜로니	흰색의 콜로니	콜로니 없음

5) 위의 Tube #1과 #2에서 콜로니를 따서 ampicillin (100 μg/mL)을 함유한 3 mL LB broth에 약 20시간 동안 액침 배양한다. 1.5 mL을 이용하여 플라스미드 추출을 진행한다. Tube #3의 실험은 여기서 종료된다.

6) Site-directed mutagenesis PCR (2ndt reaction): Total volume 50 μL
두번째 PCR은 Tube #2의 Y66H를 추출하여 진행한다. Y66H를 함유한 pGFPuv 플라스미드에 Y145F를 추가적으로 도입하여 GFP의 색변화를 관찰한다.

Components	Tube #4 (Y145F)
10XnPfu-Forte Buffer	5 μL
nPfu-Forte (2.5 units/ul)	0.5 μL
dNTPs (2 mM each)	5 μL
pGFPuv vector (Y66H)	0.5 μL
Forward primer (5 μM)	2.5 μL
Reverse primer (5 μM)	2.5 μL
Sterile water	33 μL

7) *Dpn* I 제한효소 처리: 위의 PCR 결과물에서 메틸화된 플라스미드만 선택적으로 분해한다. 아래와 같이 준비하여 37 °C에서 1시간 반응을 진행한다.

Components	Tube #4 (Y145F)
PCR 결과물	5 μL
10X FastCut Buffer	1 μL
Dpn I	1 μL
Sterile water	3 μL

8) 위의 7에서 배양이 끝난 혼합액을 대장균에 형질전환하여 배양한다. 생성된 콜로니를 UV transilluminator에서 관찰한다. 예상되는 실험 결과는 다음과 같다.

Components	Tube #4 (Y145F)
UV transilluminator 관찰 결과	푸른색의 콜로니

9) 위의 Tube #4에서 푸른색을 나타내는 콜로니를 따서 ampicillin (100 μg/mL)을 함유한 3 mL LB broth에 약 20시간 동안 액침 배양한다. 1.5 mL을 이용하여 플라스미드 추출을 진행한다. Tube #4의 실험은 여기서 종료된다.

4. DNA sequencing & Data analysis

1) 위에서 정제한 3종류의 plasmid (ΔT63, Y66H, Y145F) 와 sequencing primer를 준비하여 DNA sequencing 회사에 택배로 보낸다.

2) 2~3일 후에 이메일로 도착한 plasmid DNA 서열 정보를 이용하여 Bioinformatics tool을 활용하여, 각 plasmid의 GFP 유전자 서열을 분석한다.

3) Site-directed mutagenesis에 의하여 GFP 유전자의 서열이 변화된 부분을 확인하고 GFP 단백질의 아미노산 서열이 변화된 부분을 확인한다.

5. 실험보고서 작성 및 제출

1) 토의사항

- 무작위 돌연변이(random mutation)와 Site-directed mutagenesis의 실험 원리와 목적의 차이를 설명하고 이해해보자.

• 유전자형(genotype)과 표현형(phenotype)의 개념을 설명해보고, 이 실험에서 각각 GFPuv의 유전자형과 표현형의 변화를 정리해 보자.

참고하면 좋을 자료

(1) Girón, M. D., & Salto, R. (2011). From green to blue: Site-directed mutagenesis of the green fluorescent protein to teach protein structure-function relationships. Biochemistry and Molecular Biology Education, 39(4), 309–315.
https://doi.org/10.1002/bmb.20467

(2) Pakhomov, A. A., & Martynov, V. I. (2008). GFP family: structural insights into spectral tuning. Chemistry & biology, 15(8), 755–764.
https://doi.org/10.1016/j.chembiol.2008.07.009

(3) GFPuv vector manual
https://naver.me/x3Hyx3Gr

(4) DH5α Chemically Competent *E. coli* Transformation Protocol
https://naver.me/GRuy07zb

실험 요약 및 정리 1

위치지정 돌연변이(Site-directed mutagenesis)

분반 ______________________ 조번호 ______________________ 이름 ______________________

실험 요약 및 정리 1

위치지정 돌연변이(Site-directed mutagenesis)

분반 ________________ 조번호 ________________ 이름 ________________

실험 요약 및 정리 1

위치지정 돌연변이(Site-directed mutagenesis)

분반 ____________ 조번호 ____________ 이름 ____________

실험 요약 및 정리 1

위치지정 돌연변이(Site-directed mutagenesis)

분반 ______________________ 조번호 ____________________ 이름 ________________________

2. CRISPR-cas9 유전자 가위 (CRISPR-cas9 gene editing)

- CRISPR-cas9 유전자 가위는 특정 유전자의 염기서열을 선택적으로 절단하거나 조작할 수 있는 기술이다. CRISPR-cas9 유전자 가위는 CRISPR, guide RNA (gRNA), cas9의 세 가지 구성요소로 이루어진다.
- CRISPR (Clustered Regularly Interspaced Short Palindromic Repeats)는 세균과 고균과 같은 원핵 세포의 유전체에서 발견되는 특정 염기서열로 '규칙적인 간격을 갖고 나타나는 짧은 회문 구조의 반복 서열'이라는 의미이다.
- Guide RNA (gRNA)는 짧은 절편의 RNA로 CRISPR의 DNA 서열이 전사과정을 통하여 형성된다.
- Cas9은 효소의 일종으로 핵산 분해효소(endonuclease) 활성을 가지고 있다.
- CRISPR-cas9 유전자 가위는 미생물에서 바이러스의 침입에 대한 면역 체계이다. 미생물을 감염시키는 바이러스인 박테리오 파지(bacteriophage)가 미생물에 침입하면 대부분의 미생물은 죽게 된다. 이 때 생존하게 되는 미생물은 박테리오 파지의 DNA 절편을 자체 유전체에 삽입하여 보관한다(CRISPR). 이후 동일한 박테리오 파지에 감염될 경우 CRISPR의 DNA를 RNA (gRNA 또는 sgRNA)로 전사하여, cas9 효소는 gRNA에 상보적인 박테리오 파지의 유전체를 선택적으로 절단하게 된다.
- CRISPR-cas9 유전자 가위가 미생물에서 작동하는 방식을 응용하여, 그림 5-2와 같이 특정 유전자를 선별적으로 절단할 수 있다. 타겟 유전자에만 위치하는 특이적 DNA 염기서열에 상보적인 gRNA를 설계한다. 설계한 gRNA와 cas9 효소가 세포 내에서 생성될 수 있도록 플라스미드를 세포 내에 전달한다. 생성된 gRNA는 cas9 단백질과 복합체를 형성하여 염색체의 상보적인 DNA 서열에 결합하여 DNA의 이중 가닥을 절단한다.
- 절단된 DNA 이중가닥은 비상동 말단결합(non-homologous end-joining; NHEJ) 또는 상동성 지향복구(homology-directed repair; HDR) 과정을 거칠 수 있다. 비상동 말단결합의 경우, 일부 염기서열이 삽입되거나 제거되어 원래 유전자의 유전 정보는 변화하게 된다. 추가적으로 상동성 지향 복구의 경우, 인위적으로 설계된 DNA 절편을 삽입할 수 있다(그림 5-2).
- CRISPR-cas9 유전자 가위의 결과는 첫째, 유전자 염기서열이 변화하게 되면 유전자가 암호화하는 단백질의 생성을 차단할 수 있다. 둘째, 유전자 염기서열을 변화시켜 아미노산의 변화를 가져오게 된다. 결과적으로 아미노산 서열의 변화는 단백질의 구조, 기능에 영향을 미치게 된다.
- 본 실험에서는 자외선 반응 녹색 형광 단백질(GFPuv)을 발현하는 플라스미드를 함유한 대장균을 대상으로 GFPuv 유전자를 타겟 유전자로 CRISPR-cas9 유전자 가위를 설계하여

작동시켜 본다. CRISPR-cas9 유전자 가위가 작동함에 따라 GFPuv 유전자의 DNA가 절단되어 대장균의 녹색 형광이 사라지게 되는지 실험 결과를 관찰한다.

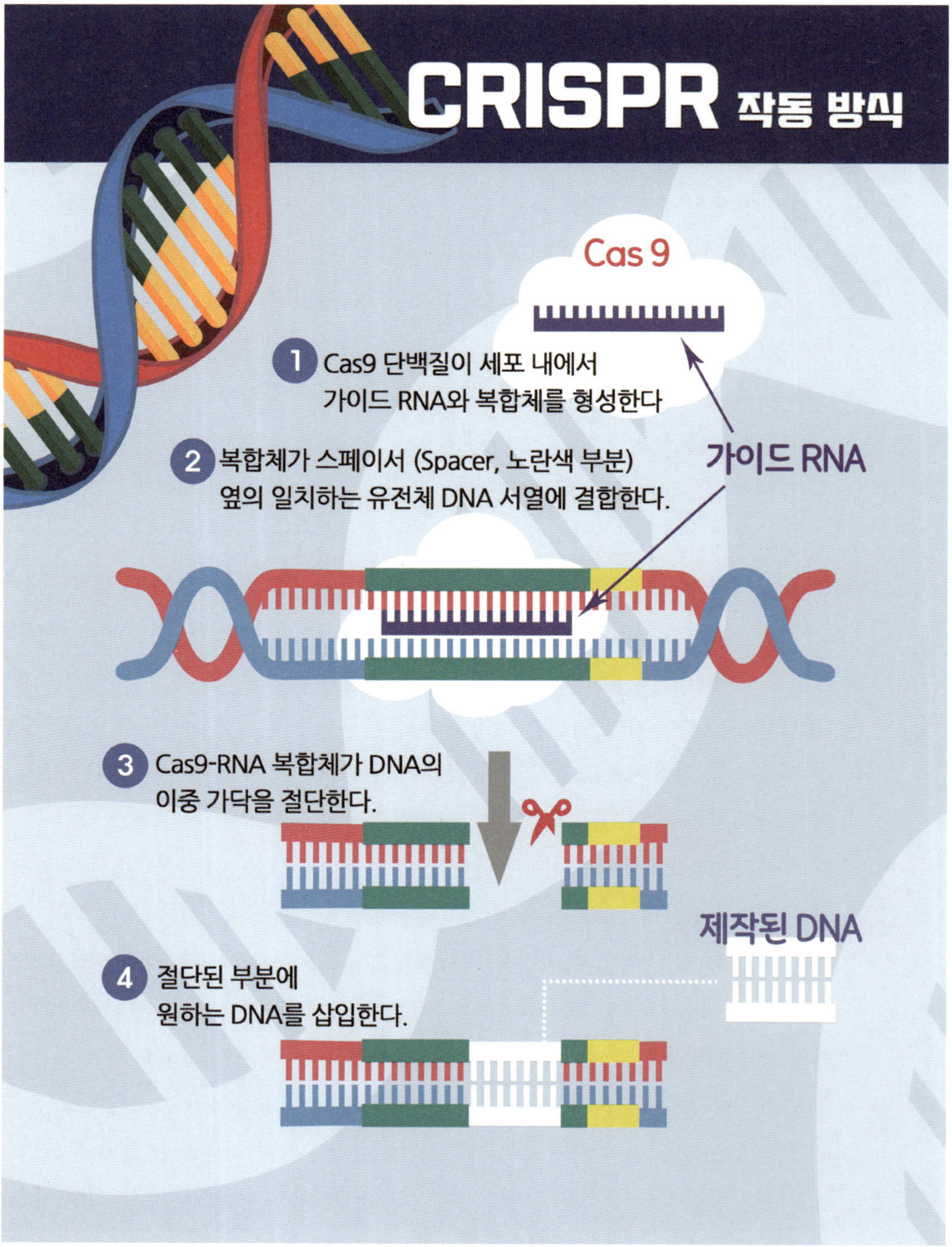

그림 5-2 CRISPR-cas9

1. 대장균 형질전환 – 녹색형광 단백질(GFPuv) 발현

- 대장균 형질전환(transformation)은 GFPuv를 발현하는 플라스미드를 대장균에 도입하여, 항생제를 이용하여 선별하는 실험이다. (심화1 프로젝트와 동일한 실험과정임.)
- 실험 장비 및 재료
  - pGFPuv vector (Clontech #62312)
  - DH5α Chemically Competent *E. coli* (Enzynomics #CP011)
  - Ampicillin (기산바이오 #MB-A1801)
  - LB (Luria Bertani) Broth (기산바이오 #MB-L4488)
  - Water bath (42 °C)
  - Shaking incubator (37 °C, 200 rpm)
  - Static incubator (37 °C)
  - UV transilluminator (대한과학 #WUV-L50)
  - Plasmid DNA purification kit Mini (Cosmogenetech #CMP0111)

1) *E. coli*가 들어있는 튜브를 얼음에서 녹인 후 15 mL conical tube에 옮겨담는다. 1 μL의 pGFPuv vector를 튜브에 첨가하여 *E. coli*와 잘 섞이도록 한다.

2) 위의 혼합액을 얼음에서 30분간 반응시킨 후, 42 °C water bath에 30초간 반응시킨다. 다시 튜브를 얼음으로 옮겨서 2분간 반응시킨다.

3) 상온으로 맞추어진 SOC 배지를 400 μL를 튜브에 첨가한 후, 37 °C, 200 rpm shaking incubator에서 1시간 배양한다.

4) 20 μL 배양액을 ampicillin (100 μg/mL)을 함유한 LB agar plate에 평판 도말한 후, 37 °C static incubator에서 약 20시간 배양한다. 배양 후에 생성된 콜로니를 따서 ampicillin (100 μg/mL)을 함유한 3 mL LB broth에 약 20시간 동안 액침 배양한다. GFPuv를 함유한 *E. coli* 배양액을 UV transilluminator에 비추면 녹색 형광이 발산되는 것을 관찰할 수 있다.

5) 대장균에서 pGFPuv vector를 분리 정제하여 준비한다.

2. Guide RNA 설계 및 백터 제작

- Guide RNA (gRNA)는 다음과 같은 두 가지 조건을 충족해야 한다. 첫째, 특정 유전자에 위치하는 부분적인 DNA 서열에 상보적이며, 이 DNA 서열은 다른 나머지 유전체 부위에 존재하지 않는 특수한 서열이어야 한다. 둘째, 타겟 DNA 서열은 PAM (Protospacer Adjacent Motif) 서열에 바로 옆에 위치해야 한다.
- PAM 서열은 2-6개의 염기로 구성된 짧은 DNA 서열로 cas9이 절단하는 DNA 서열에 바로 아래에 존재한다. Cas9 효소는 PAM 서열을 인식하여 절단해야 하는 DNA 서열을 정한다.
- Cas9 효소를 생성하는 미생물 종에 따라 인식하는 PAM 서열은 다르다. 본 실험에서 사용하는 cas9 효소는 *Streptococcus pyogenes*에서 유래하였다. *S. pyogenes*에서 유래한 cas9 효소는 5′-NGG-3′를 PAM 서열로 인식한다. 여기서 N은 4종의 염기서열 중 하나를 의미하며, G는 구아닌 염기를 의미한다.
- gRNA를 설계하려면 타겟 유전자 서열을 생물정보학 도구를 이용하여 분석해야 한다. 대표적인 온라인 도구로 http://www.rgenome.net 이 있다.
- gRNA는 타겟 DNA 서열에만 선별적으로 작동해야 하는데, 타겟 DNA 서열 이외에 작동하는 경우를 표적외 효과(off-target effect)라고 한다. 표적외 효과로 인하여 생명 유지에 필수적인 유전자 부위가 손상될 경우 또는 실험 목적 이외의 유전자 부위가 손상될 경우 심각한 결과를 초래할 수 있다. 위에서 제시된 온라인 도구를 사용하면 표적외 효과가 발생하는지를 사전에 예측할 수 있다.
- 실험 장비 및 재료
  - BPK764 plasmid (Addgene #65767)
  - BsaI (Enzynomics #R072S)
  - Quick CIP (NEB #M0525S)
  - T4 DNA ligase (Enzynomics #M001S)

- Plasmid DNA purification kit Mini (Cosmogenetech #CMP0111)
- HiGene™ Gel & PCR Purification System (Biofact # GP104-100)
- Chloramphenicol (기산바이오 #MB-C1817)

1) gRNA 설계, 주문 및 준비

위에서 준비한 pGFPuv vector에서 GFPuv 유전자 서열을 분석한 결과 다음과 같은 2종의 gRNA를 설계하여 실험에 사용한다. 각각의 DNA에 5' 말단에 인산화된 형태로 주문한다. Annealing buffer (T4 DNA ligase buffer)를 준비하여 forward와 reverse gRNA를 각각 10 μM의 농도로 혼합하여 10 μL를 준비한다. PCR 기계를 이용하여 95 °C에서 5분간 반응시킨 후 1분에 1 °C씩 온도를 하강시켜 25 °C에 도달하게 반응시킨다. 이 반응을 통하여 forward와 reverse gRNA의 상보적인 염기 서열이 수소 결합을 형성하여 이중가닥을 형성하게 된다. 이러한 방법으로 제조된 10 uL를 물에 1/200배 희석하여 준비한다(annealed gRNA).

Name	Sequence (5' to 3')
gRNA1_F	**pATAG** AAAGGAGAAGAACTTTTCAC
gRNA1_R	**pAAAC** GTGAAAAGTTCTTCTCCTTT
gRNA2_F	**pATAG** GAATTAGATGGTGATGTTAA
gRNA2_R	**pAAAC** TTAACATCACCATCTAATTC
BPK764 sequencing primer	GACTACAAAGACCATGACGGTG

* p는 DNA의 5' 말단이 인산화됨을 표시함. 볼드체(ATAG, AAAC)의 염기서열은 BsaI 제한효소 절단 서열과 호환된다.

2) BPK764 plasmid 추출 및 준비

BPK764 plasmid를 위의 대장균 형질전환과 동일한 방법으로 분리, 정제한다. 이 때에 주의할 점은 BPK764 plasmid은 chloramphenicol (50 μg/mL) 항생제 저항성을 가진다.

3) BPK764 plasmid의 제한효소 처리

BPK764 plasmid를 BsaI 제한효소로 절단한다. BsaI 제한효소 처리 방법은 다음과 같으며 37 °C에서 1시간 반응을 진행한다.

Component	Volume	Final Conc.
BPK764	X μL	1 μg
10X FastCut Buffer	5 μL	1X
BsaI	1 μL	10 unit
Sterile water	up to 50 μL	3 μL

4) Linearized BPK764 plasmid 정제

BsaI으로 처리한 BPK764가 절단되었는지 5 μL를 전기영동으로 확인한다. 선형화된 BPK764 플라스미드의 길이는 약 8 kb이다. 전기영동으로 단일 밴드를 확인한 후에 나머지 45 μL를 HiGeneTM Gel & PCR Purification System를 이용하여 정제한다. 이 과정을 통하여 제한효소 및 버퍼를 제거하고 순수한 플라스미드를 확보한다.

5) Quick CIP 처리

정제한 BPK764 플라스미드를 Quick CIP로 처리한다. BsaI 제한효소를 처리한 BPK764 플라스미드는 양쪽 말단이 blunt end로 선형화되기 때문에 향후에 ligation 반응에서 self-ligation이 발생할 가능성이 높다. CIP는 형성하기 때문에 DNA의 5'과 3' 말단의 인산(P)을 제거하여 self-ligation을 방지하는 기능을 한다.

6) Plasmid 정제

Quick CIP로 처리한 BPK764 플라스미드를 다시 HiGeneTM Gel & PCR Purification System를 이용하여 정제한 후 DNA 농도를 측정한다.

7) Ligation: gRNA를 BPK764 플라스미드에 삽입

위의 1에서 준비한 이중가닥 gRNA 2종을 각각 BPK764 플라스미드에 삽입하는 ligation 반응을 진행한다. 16 °C에서 하룻밤 반응한다.

Components	Tube #1 (gRNA1)	Tube #2 (gRNA2)	Tube #3 (Negative Control)
Linearized BPK764 (50 ng/μL)	1 μL	1 μL	1 μL
Annealed gRNA (위의 1에서 준비)	1 μL	1 μL	-
10X T4 DNA ligase buffer	1 μL	1 μL	1 μL
T4 DNA ligase	1 μL	1 μL	1 μL
Sterile water	6 μL	6 μL	7 μL

8) Transformation, plasmid extraction and DNA sequencing

Ligation 반응이 끝난 후 용액 2 μL를 *E. coli* (DH5α)에 transformation 하여 chloramphenicol (50 μg/mL)을 함유한 LB agar에 도말하여 콜로니를 선별한다. Tube#1과 tube2#의 샘플에서 유래한 콜로니를 각각 4개씩 액침 배양하여 각각의 플라스미드를 분리, 정제한다. BPK764 sequencing primer를 이용하여 정제한 플라스미드의 DNA 서열을 분석 의뢰한다. 이론적으로 tube#3의 샘플에서 유래한 플라스미드를 대장균에 transformation 하였을 때에는 콜로니가 형성되지 않아야 한다. Linearized BPK764 플라스미드를 CIP로 처리하면 DNA의 5'과 3' 말단의 인산(P)을 제거되어 T4 DNA ligase가 ligation을 수행할 수 없다. 하지만 실제 실험에서는 콜로니가 형성되기도 하는데, CIP가 완벽하게 작동하지 않았을 경우이다. 따라서 DNA 염기서열 분석을 통하여 gRNA가 BPK764에 ligation 되었는지를 반드시 확인해야 한다.

3. CRISPR-cas9를 이용한 GFP 유전자 편집

- CRISPR-cas9를 이용한 GFP 유전자 편집을 실험한다. 본 실험의 최종 단계이다.
- GFP 유전자를 타겟으로 하는 gRNA가 작동하는지를 실험하기 위하여, pGFPuv plasmid와 gRNA를 함유한 BPK764 플라스미드를 동시에 대장균에 transformation한다. BPK764 플라스미드는

chloramphenicol 내성 유전자를 함유하고 있고, pGFPuv 플라스미드는 ampicillin 내성 유전자를 함유하고 있다. 따라서 대장균에 2종의 플라스미드를 동시에 transformation 한 후에 chloramphenicol과 ampicillin을 함유한 LB 배지에서 선별한다. 이러한 과정을 이중 선별(double selection)이라고도 한다.

- 대장균 내에서 pGFPuv 플라스미드는 GFPuv 유전자를 전사, 번역 과정을 거쳐 발현시켜 GFPuv 단백질을 생성한다. gRNA를 함유하는 BPK764 플라스미드는 gRNA와 cas9 효소를 생성한다. 따라서 gRNA가 GFPuv 유전자를 타겟으로 작동할 경우, pGFPuv 플라스미드의 GFPuv 유전자가 cas9에 의하여 절단된 후에 편집된다(그림 5-2). 결과적으로 대장균의 녹색 형광이 나타나지 않는다.
- 실험 장비 및 재료
  - pGFPuv plasmid (Clontech #62312)
  - BPK764 plasmid (Addgene #65767)
  - gRNA1을 함유한 BPK764 plasmid
  - gRNA2를 함유한 BPK764 plasmid
  - DH5α Chemically Competent *E. coli* (Enzynomics #CP011)
  - Ampicillin (기산바이오 #MB-A1801)
  - Chloramphenicol (기산바이오 #MB-C1817)
  - UV transilluminator (대한과학 #WUV-L50)

1) 대장균에 2종의 플라스미드를 transformation 하기 위하여 다음과 같이 준비한다.

Volume	Tube #1 (gRNA1)	Tube #2 (gRNA2)	Tube #3 (Negative Control)
1 μL	pGFPuv plasmid	pGFPuv plasmid	pGFPuv plasmid
1 μL	BPK764-gRNA1	BPK764-gRNA2	BPK764 plasmid

2) 위의 플라스미드 혼합액을 대장균에 transformation 한다. 실험방법은 위의 대장균 transformation과 동일하다. 단, 항생제 선별시 chloramphenicol과 ampicillin을 함유한 LB 배지에서 이중 선별(double selection) 한다.

3) UV transilluminator 또는 형광현미경을 이용하여 GFP의 발현 여부를 관찰한다. 실험이 성공할 경우 예상되는 결과는 tube#1과 tube2#의 경우 녹색 형광이 거의 없어지거나 희미해진다.

4. 실험보고서 작성 및 제출

1) 토의사항
   - 미생물 내에서 박테리오 파지에 대한 면역체계로 CRISPR-Cas9 system이 어떻게 작동하는지 위의 그림 5-2를 이용하여 설명하시오.
   - CRISP-Cas9 기술을 응용하여 인위적으로 유전자를 편집하는 방법을 그림 5-2를 이용하여 설명하시오.

2) 토의사항

   위의 일련의 프로젝트 과정을 실험보고서로 작성하여 제출한다.

참고하면 좋을 자료

(1) Pieczynski, J. N., Deets, A., McDuffee, A., & Lynn Kee, H. (2019). An undergraduate laboratory experience using CRISPR–cas9 technology to deactivate green fluorescent protein expression in *Escherichia coli*. Biochemistry and Molecular Biology Education, 47(2), 145–155.
https://doi.org/10.1002/bmb.21206

(2) Hsu, P. D., Lander, E. S., & Zhang, F. (2014). Development and applications of CRISPR–Cas9 for genome engineering. Cell, 157(6), 1262–1278.
https://doi.org/10.1016/j.cell.2014.05.010

(3) gRNA의 염기서열을 이용하여 표적외 효과(off–target effect)를 사전에 예측해보는 사이트
http://www.rgenome.net/cas–offinder/

실험 요약 및 정리 2

CRISPR-cas9 유전자 가위

분반 ______________ 조번호 ______________ 이름 ______________

실험 요약 및 정리 2

CRISPR-cas9 유전자 가위

분반 ______________________ 조번호 ____________________ 이름 ________________________

실험 요약 및 정리 2

CRISPR-cas9 유전자 가위

분반 ______________________ 조번호 ____________________ 이름 ________________________

MEMO

MEMO

MEMO